KB134461

인간의 탄생

BECOMING HUMAN : OUR PAST, PRESENT AND FUTURE originally published in English in 2013

Copyright © 2013 Scientific American, a division of Nature America, Inc.
Korean Translation Copyright © 2017 by Hollym, Inc.
Korean Translation rights arranged with Scientific American through Danny Hong Agency

한림SA **16**

SCIENTIFIC
AMERICAN™

우리의 과거와 현재 그리고 미래

인간의 탄생

사이언티픽 아메리칸 편집부 엮음
강윤재 옮김

Our Past, Present and Future
Becoming Human

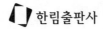 한림출판사

들어가며

갈지(之)자를 그리는 인간의 진화 이야기

우리 인간은 이상한 무리다. 스스로 자신을 인식하지만 종종 무의식적 충동에 휩쓸리기도 한다. 또한 적대적 세상에서 단련되었지만 풍요의 세상을 살고 있다. 우리는 누구인가? 우리 운명은 어떻게 될까? 오래된 이런 질문들에 답하기 위해, 과학은 최근 들어 강력한 도구를 마련하고 엄청난 자료를 쌓아나가고 있다.

가령 우리는 300만 년 전 오스트랄로피테쿠스로 알려진 원시인 집단이 두 다리로 걸을 수 있게 되면서 아프리카 사바나 지역을 보다 효과적으로 돌아다닐 수 있었지만 여전히 나무 위의 삶에 적합한 긴 팔을 늘어뜨리고 있었음을 알고 있다. 이런 변화를 초래했던 선택압(selective pressure)의 실마리를 탐색하는 1부("인류의 탄생")에서 살펴보듯이, 고생물학자들은 330만 살이 된 화석 '루시의 아기'를 발견했다. 이 화석은 오스트랄로피테쿠스 아파렌시스의 유명한 골격 '루시'가 보행 및 나무 오르기와 관련된 형질들을 짜깁기된 모자이크처럼 함께 지녔던 존재임을 보여준다. 또한 고생물학자들은 남아프리카에서 이전에는 알려지지 않았던 인간종(種)의 유해를 발견하기도 했다.

역시 1부에서 살펴보듯, 인류는 나무에서 내려온 이후 우리의 털을 잃어버렸다. 왜 그럴까? 교실 뒤쪽에서 웅얼거리는 무언의 질문처럼 들릴지 모르지만 과학자들은 질문을 던졌고, 체모 없음이 원시인들 몸을 시원하게 유지하는 데 핵심 요소였음을 밝혀냈다.

유전학은 인간의 조상을 향해 나 있는 길의 문을 연다. 우리와 침팬지가 99

퍼센트에 달하는 DNA를 공유하고 있다면, 왜 침팬지가 아니라 우리가 교외에 살면서 차를 몰고 다니게 되었을까? 어떻게 그렇게 적은 DNA 차이가 그토록 엄청난 차이를 불러왔을까? 그 답을 찾고자, 생물통계학자 캐서린 폴라드와 다른 학자들은 그 1퍼센트의 DNA가 무엇이며, 무엇을 할 수 있는지를 밝혀내고 있다. 그녀의 설명은 2부 "성공 비결들"에 실려 있다. 또한 우리는 과학자들이 인류의 기원과 진화의 실마리를 찾기 위해 개인차를 낳는 소량의 DNA 조각을 어떻게 연구하고 있는지 살펴보았다. 이 이야기는 3부 "이주와 식민지 건설"에서 다룬다.

인간의 진화와 문화는 종종 뒤엉킨다. 2부에서 살펴보는 한 사례에서, 인간들은 그 수명이 길어짐에 따라 조부모가 가족의 삶에서 중요한 역할을 맡기 시작했다. 그로 인해 더욱 복잡한 사회적 행위들이 비로소 가능해졌다.

우리 자신의 진화에 대해 배울수록 이야기는 더욱 복잡해진다. 새로운 발견이 이루어짐에 따라 수렵채집인들이 아메리카 대륙을 개척했던 시간대는 점점 더 과거로 밀려나고 있다. 그리고 4부 "사라진 인류"에서 '호빗'(hobbits, 체구가 작은 인간종)의 발견은 인간 기원의 과학에 관심을 집중시키고 있다.

진화는 우리를 어디로 데려갈 것인가? 5부 "계속되는 진화"에서는 두 가지 관점을 제시한다. 시카고 대학교의 인간유전학 교수 조너선 프리처드는 선택압이 작용하기 위해서는 수만 년의 시간이 필요하다고 주장한다. 이 말은 가까운 시일 내에는 진화가 없을 것임을 의미한다. 그러나 워싱턴 대학교의 천체생물학자 피터 워드는 진화상의 정체란 여러 가능성 중 하나일 뿐이라고 말한다. 화성 식민지 개척과 같은 새로운 환경에 적응하는 과정에서 우리 인간종은 둘 이상으로 나뉠지도 모른다. 또는 우리가 사이보그의 길로 들어서서 기계와 뒤섞일지도 모른다. 당신이 어느 길을 선호하든, 생각해볼 여지는 많아 보인다.

– 프레드 구테를(Fred Guterl), 편집자

CONTENTS

1

인류의 탄생

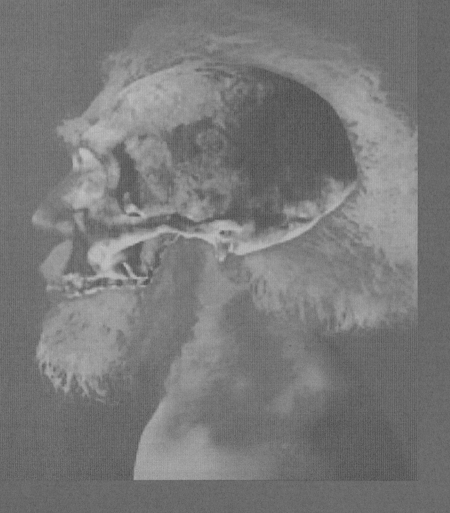

1-1 루시의 아기

케이트 웡

이 글의 초기 버전은 www.ScientificAmerican.com에 올려두었다. 독자들에 게 평가하는 말과 함께 궁금한 점이 있으면 보내달라고 요청했고, 과학자들에 게는 논평을 부탁했다. 다음 글은 그런 피드백을 반영한 결과이다.

건조한 기후에 험난한 땅, 고생물학자들의 사냥터. 많은 호미닌(hominin, 침 팬지에서 갈라져 나와 인간의 계통에 속하는 모든 생명체 집단)은 한때 그곳을 고향 이라 불렀다. 그 지역이 유명해진 이유는 무엇보다도 "루시(Lucy)"라는 320만 살 먹은 오스트랄로피테쿠스 아파렌시스(*Australopithecus afarensis*)라고 불리 는 인간 조상의 골격이 출토되었기 때문일 것이다. 2006년, 연구자들은 루시 가 출토된 곳에서 4킬로미터밖에 떨어지지 않은 디키카(Dikika) 지역에서 또 다른 오스트랄로피테쿠스 아파렌시스의 표본을 찾아냈다. 믿기 힘든 일이었 다. 그러나 죽을 때 완전한 성인이었던 루시와는 달리, 최근에 발견된 화석은 330만 년 전에 살았던 존재로서 아이의 골격이었다("루시의 아기"로 부르게 된 것은 이런 이유 때문이다).

루시를 포함하여 그렇게 오래된 호미닌의 골격이 이번 표본처럼 완벽한 경 우는 없었다. 더욱이 이제까지 발견된 가장 어린 호미닌으로서 다키카의 아 이는 우리 선조 친척들의 성장 과정을 연구할 수 있는 전례 없이 좋은 기회를 제공해주고 있다. 1974년, 그 유명한 화석 루시를 발굴해낸 애리조나 주립대학교의 도널드 조핸슨은 "만약 루시가 20세기 가장 위대한 화석의 발견이었다면, 이 아이는 21세기 가장 위대한 발견이라 할 수 있다"고 말한다.

기쁨의 선물꾸러미

현재 샌프란시스코의 캘리포니아 과학아카데미에 소속된 제레세네이 알렘세게드가 이끄는 화석 사냥꾼들이 그 표본을 탐지해낸 것은 2000년 12월 10일 오후의 일이었다. 처음에는 작은 얼굴의 일부만 그 모습을 드러냈다. 화석의 나머지 대부분은 멜론 크기의 사암 덩어리에 파묻혀 있었다. "사암을 제거하자 호미닌임이 더욱 분명해졌어요." 알렘세게드는 회상한다. 호미닌의 특징인 완만한 이마와 작은 송곳니를 알아차릴 수 있었던 것이다. 하지만 추가적인 평가는 화석을 깨끗하게 처치할 때까지 기다려야만 했다. 뼈에 붙은 시멘트 같은 모암 알갱이들을 치과용 도구를 써서 하나씩 제거해야 하는 꽤나 힘든 과정이기 때문이다.

알렘세게드가 아이의 해부학적 구조에서 핵심 요소들을 찾는 데에만 5년이 걸렸고, 그 후로도 그는 계속해서 출토된 뼈 분석에 매달리고 있다. 현재 그 유해는 대부분의 연구자들이 우리 자신의 속(屬), 즉 호모(Homo)의 기원이라고 믿고 있는 어떤 종(種)에 대한 소중한 통찰력을 제공해준다. 2006년, 알렘세게드와 그의 동료들은 《네이처(Nature)》에 실린 논문 두 편에서 그 화석과 그것의 지질학적·고생물학적 맥락을 서술한 바 있다. 그리고 그 발견을 알리고자 에티오피아에서 열린 기자회견에서 그 아이를 셀람(Selam, 여러 에티오피아어에서 "평화"를 뜻한다)이라는 이름으로 불렸는데, 전쟁 중인 아프리카 부족들에게 화합을 독려하는 희망을 담았다고 한다.

세 살짜리 여자 아이의 것으로 판단되는 골격은 거의 완전한 머리뼈(두개골), 전체 몸통, 팔과 다리 등의 부분으로 이루어져 있다. 마카다미아 견과보다 크지 않은 무릎뼈(슬개골)조차 보존되어 있었고, 많은 뼈들이 연결된 상태로 출토되었다. 이것처럼 완벽한 호미닌 화석은 정말로 드문데, 특히 어린이 화석은 뼈가 취약하므로 보관이 훨씬 더 어렵다. 실제로 비교 가능할 정도로 완벽하게 남아 있는 두 번째로 가장 오래된 아이의 골격은 네안데르탈인 아기로서, 5만여 년 전으로 거슬러 올라간다.

두발 걷기 VS. 나무 오르기

예외적인 셀람을 비롯해 그곳에서 발견된 다른 동물들의 보존 상태를 통해, 그 팀의 지질학자인 사우스플로리다 대학교의 조너선 윈은 아이의 몸이 홍수가 끝난 직후에 파묻혔다는 사실을 알아낼 수 있었다. 홍수로 죽었는지 그 이전에 죽었는지는 알 수 없다.

죽은 당시 세 살에 불과했지만, 셀람은 이미 자기 종의 특성을 구비하고 있었다. 그녀의 뻗어 나온 코와 좁은 코뼈들은 선조의 또 다른 아이, 즉 남아프리카의 타웅(Taung) 아이로부터 그녀를 확실히 구별해준다. 타웅 아이는 매우 가까운 친척인 오스트랄로피테쿠스 아프리카누스(*Australopithecus africanus*) 종에 속한다. 그리고 그녀의 아래턱뼈(하악골)는 하다르(Hadar)에서 출토된 아래턱뼈들을 닮아 있다. 그곳은 루시와 다른 오스트랄로피테쿠스 아파렌시스의 또 다른 골격들이 출토된 현장이다.

또한 셀람의 후두개골에는 오스트랄로피테쿠스 아파렌시스의 이동 방식에 관심을 지녀왔던 과학자들을 오랫동안 성가시게 했던 형질들의 뒤섞임과 동일한 현상이 나타난다. 학자들은 오스트랄로피테쿠스 아파렌시스가 두 다리만으로 걸어 다닐 수 있는 생명체라는 데 동의한다. 그러나 1980년대 들어 그 종이 나무 위에서의 삶에도 적응했었는지를 둘러싸고 논쟁이 벌어지기 시작했다. 그 논쟁의 중심에는 하체와 상체가 따로 논다는 관찰이 자리 잡고 있다. 즉 그 종의 하체는 이족 보행(두발 걷기)에 제대로 적응한 반면, 그 상체는 나무 위에서의 생존에 더 적합한 몇 가지 원시적 특징을 지녔다는 것이다. 예를 들면 나뭇가지를 붙잡는 데 유리한 길고 구부러진 손가락이 그렇다. 한 진영에서는 오스트랄로피테쿠스 아파렌시스가 지상의 생활로 완전히 이전했고, 나무 친화적인 상체의 특징들은 나무 위에서 생활했던 조상에게 물려받은 진화적 유물에 불과하다고 주장했다. 반대 진영에서는 만약 오스트랄로피테쿠스 아파렌시스가 수천 년 동안 그런 특징을 보유해왔다면, 나무 오르기는 그 종의 여러 이동 수단 가운데 여전히 중요한 선택 요소였음이 틀림없다고 주장했다.

셀람은 동일한 종들처럼 다리는 걷기에 좋고 손가락은 나무 오르기에 좋은 신체 구조를 지녔다. 그러나 그녀의 두 어깨뼈(견갑골)의 형태는 논쟁에 새로운 불씨가 되었다. 두 개의 어깨뼈는 그녀 종에서는 찾아볼 수 없었기 때문이

다. 알렘세게드는 그녀의 어깨뼈가 고릴라의 어깨뼈와 가장 많이 닮아 있다고
봤다. 위를 향하고 있는 어깨뼈 관절 접합 부위는 특히 유인원에 가까운데, 옆
면을 바라보는 현생인류의 그것과는 뚜렷이 대비된다. 알렘세게드가 강조하
듯, 이는 손을 머리 위로 올리는 데 유리한 방향이다. 바로 영장류들이 나무에
오를 때 주로 하는 동작이다(비록 고릴라는 성인이 되면 나무에 오르지 않지만, 어
릴 때에는 나무 위에서 대부분의 시간을 보낸다).

　나무 친화적 성향을 보여주는 또 다른 단서가 그 아이의 속귀(내이)에 남아
있다. 그 팀은 컴퓨터단층촬영(이하 CT)을 활용하여 그녀의 반고리관을 포착
해낼 수 있었다. 반고리관은 균형을 유지하는 데 중요한 기관이다. 연구자들
은 셀람의 반고리관이 아프리카 유인원과 오스트랄로피테쿠스 아프리카누스
의 반고리관과 비슷하다는 결론을 내렸다. 그들은 이것이 오스트랄로피테쿠
스 아파렌시스가 현생인류처럼 두 다리로 빠르고 신속하게 이동할 수 없었다
는 증거라고 주장한다. 즉 오스트랄로피테쿠스 아파렌시스가 머리와 몸통의
움직임을 분리해내는 능력에 있어 한계를 보였음을 의미한다고 할 수 있다.
이러한 분리야말로 일종의 묘기에 가까운데, 우리 종이 오래달리기를 할 수
있는 것은 바로 이런 재주 때문이라고 볼 수 있다.

　오스트랄로피테쿠스 아파렌시스가 나무 위 생활에 적응할 수 있는 상체를
지닌 직립 생명체라는 결론은 스토니브룩 대학교의 잭 스턴 주니어와 그의
동료들이 몇 년 전 루시와 그녀의 동시대 화석들에 대해 보고서에 쓴 내용의
반복인 셈이다. "이 논문이 내가 옳았음을 보여주고 있어서 기뻤어요." 스턴이

말한다. 조핸슨은 오스트랄로피테쿠스 아파렌시스가 어느 정도 나무 생활을
했음을 보여주는 이 증거가 과거의 것보다 더욱 강력하다는 점에 동의한다.
"이전에 나는 아파렌시스가 지상에서 직립 보행을 했다는 것을 분명하게 옹
호했어요." 그가 말한다. 그러나 근래의 더 많은 발견들을 고려할 때 "그들이
밤에는 잠을 자거나 손쉽게 식량을 구하기 위해 땅을 떠나서 나무 위로 되돌
아가는 나무 친화적 습성들 중 일부를 계속해서 발전시키고 있었을 가능성을
완전히 배제하기는 힘듭니다."

　두발 걷기와 나무 오르기의 조합은 셀람을 포함한 초기 호미닌의 환경에
대한 연구를 통해 드러나는 그림과 꽤나 잘 들어맞는다. 오늘날 디키카 지역
은 나무나 키 작은 관목만이 듬성듬성 흩어져 있는 평퍼짐한 먼지 언덕들이
자리 잡고 있다. 그러나 330만 년 전, 그곳은 숲에 가까우며 물이 풍부한 삼각
주였고, 근처에 초지도 있었다. "이런 환경 속에서, 나무와 땅 위에서 시간을
보내는 '유인원'이 있다는 것은 놀랄 일이 아니었습니다." 현재는 조지워싱턴
대학교에 있는 프로젝트 구성원인 르네 봅이 말한다.

　나무 생활에 대한 주장에 모든 사람이 동의하는 것은 아니다. 켄트 주립대
학교의 오언 러브조이는 셀람의 어깨뼈가 고릴라의 것과 비슷하게 보인다는
주장에 반대한다. "그것은 원시적이지만, 고릴라보다는 훨씬 더 인류와 닮아
있습니다." 오스트랄로피테쿠스 아파렌시스가 완전한 상태의 두발 동물이라
고 주장하는 대표적 학자인 러브조이는 오스트랄로피테쿠스가 나무 위에서
시간을 보냈다는 징표로서 주로 제시되는 앞다리의 특징들이란 오로지 "그

동물이 나무 생활의 역사를 지녔다는 사실을 말해주는 증거"에 불과하다고 주장한다. 그에 따르면, 1978년에 있었던 유명한 라에톨리(Laetoli) 발자국의 발견이 이 논쟁을 끝냈다. 그 발자국에는 강하게 움켜쥘 수 있는 큰 발가락이 없었다. 만약 큰 발가락이 없었다면, 오스트랄로피테쿠스 아파렌시스는 나무에서 효율적으로 움직일 수 없었을 것이다.

뒤죽박죽 호미닌

전문가들이 셀람의 유인원과 비슷한 골격적 특징들이 나타내는 기능적 중요성에 대한 의견은 서로 다를 수 있지만, 호미닌의 신체 부위들이 각각 다른 시기에 선택압을* 겪었다는 사실에는 의견이 일치할 것이다. 오스트랄로피테쿠스 아파렌시스는 "모자이크진화의 좋은 본보기"라고 조핸슨은 말한다. "어딘가에 있는 진화의 스위치가 마술처럼 켜져

*돌연변이를 포함하는 개체군에 작용하여 경쟁에 유리한 형질을 갖는 개체군의 선택적 증식을 재촉하는 생물적, 화학적 또는 물리적 요인.

네 발 동물이 직립 보행의 두 발 인간으로 변형되는 것은 아니에요." 자연선택은 우선 하지와 골반만을 대상으로 이족 보행에 적합하도록 작용했던 것처럼 보인다. 그러고 나서 팔과 어깨처럼 이족 보행 이동에 직접 쓰이지 않은 신체 부위들은 나중에 단계적으로 변했을 것이라고 그는 설명한다. "우리는 변화의 과정에 대해 더 많은 것을 알아나가고 있어요." 그런 과정을 거쳐서 나무에 거주하는 유인원 비슷한 생명체로부터 땅 위를 걷는 이족 보행 생명체가 탄생하게 된 것이다.

셀람의 골격 분석은 마찬가지로 점차적 변신을 암시한다. 목뿔뼈(설골, 혀와 후두를 고정하는 것을 돕는 섬세하고 보관이 어려운 뼈)의 형태는 오스트랄로피테쿠스 아파렌시스의 목구멍(인후)에 공기 주머니가 있음을 말해준다. 이것은 곧 이 종이 유인원과 유사한 소리통을 지녔음을 암시한다. 반면 아이의 뇌는 인류에 가까운 미세한 징후를 드러낸다. 머리뼈의 흔적을 담은 자연적으로 형성된 머리뼈 모양 사암 화석을 연구함으로써, 알렘세게드 팀은 세 살 나이인 셀람의 뇌 크기가 성인의 65~88퍼센트에 달한다는 것을 확실히 알 수 있었다. 이와 대조적으로 비슷한 또래 침팬지의 뇌 크기는 성인 침팬지의 90퍼센트 이상에 달한다. 이것은 오스트랄로피테쿠스 아파렌시스가 보다 인류에 가까운 방식으로 뇌 성장을 이루었으리라는 가능성을 희미하게나마 제시해준다.

이 새로운 골격이 오스트랄로피테쿠스 아파렌시스 아기들을 대표할 수 있는지를 알아내기 위해서는 더 많은 표본이 필요하다. 그렇기 때문에 과학자들은 연령대가 다른 또 다른 오스트랄로피테쿠스 아파렌시스 아이의 화석을 발견하는 데 전력을 기울이고 있다. 만약 가능하기만 하다면 서로 비교해볼 수 있을 터이다. 그러나 디키카에서 출토된 어린 소녀는 많은 비밀을 간직한 채 입을 다물고 있다. "이 표본이 던져준 충격은 오스트랄로피테쿠스의 성장과 발달(발육)에 대한 정보를 담고 있었다는 점에서 찾을 수 있을 것입니다. 그런 정보는 개인의 신체 부위는 물론 한 개인 내부의 신체 구조들 사이 발달(발육) 속도를 밝히는 데에도 도움을 줄 것입니다." 미주리-컬럼비아 대학교 캐럴 워드의 관찰이다.

  셀람에 대한 초기 진술이 있고 난 후, 그녀에게 달라붙어 있던 사암을 계속해서 제거함으로써 모든 뼈들이 제 모습을 드러냈다. 알렘세게드가 궁극적으로 바라는 바는 오스트랄로피테쿠스 아파렌시스 세 살짜리 아이의 신체를 거의 제 모습대로 재구성해내는 일이다. 그런 뒤에 성장 중에 있는 오스트랄로피테쿠스계의 거의 모든 것을 이해하고자 한다.

1-2 우리 종의 시초

케이트 윙

300만 년 전에서 200만 년 전 사이 언젠가, 아프리카의 원시 사바나에 살던 우리 조상들은 눈에 뜨일 정도로 인간의 모습을 띠기 시작했다. 100만 년이 넘는 동안 오스트랄로피테쿠스 선조들, 즉 우리처럼 직립했지만 땅딸막한 다리, 나무에 오르기 적합한 손, 조상인 유인원의 작은 뇌를 지닌 루시와 같은 부류는 대륙의 숲과 삼림 지대에 번창하였다. 그러나 세계는 변하고 있었다. 기후 변화로 넓게 펼쳐진 초원이 확대되면서, 초기의 오스트랄로피테쿠스로부터 새로운 계통이 출현했다. 그중 하나는 긴 다리, 도구를 제작하는 손, 엄청난 크기의 뇌를 가진 존재로 진화했다. 이것이 바로 지구 행성을 지배하게 될 영장류, 호모(Homo) 속(屬)이다.

수십 년 동안, 고인류학자들은 최초의 호모 대표 화석을 찾기 위해 아프리카의 구석구석을 빗질하듯 샅샅이 뒤졌다. 호모속이 어떻게 두드러진 존재로 발전하게 되었는지 구체적으로 파악하기 위해서였다. 노력에도 불구하고 큰 수확은 없었다. 여기에 턱뼈, 저기에 치아 한 줌, 이런 식이었다. 복구된 대부분의 화석들은 선조 격인 오스트랄로피테쿠스 계통이거나 호모속의 후기 구성원들(너무 진화한 탓에 우리의 독특한 형질이 출현하는 순서를 밝히거나 그 출현을 촉진했던 선택압을 밝히는 데 큰 소용이 없는 존재)에 속했다. 여러 골격 요소를 포함하는 200만 년 전보다 오래된 표본이라면 호모의 신체 설계가 어떤 통합

과정을 거쳤는지 알려줄 수 있을 텐데, 절대 눈에 띄지 않았다. 과학자들이 할 수 있는 최고의 추측은 호모속에 속한다고 추정되는 가장 오래된 화석들이 발굴된 동아프리카에서 신체상의 변환이 일어났다는 점이다. 그리고 호모임을 입증해주는 형질들이 뚜렷해진 이유는 그들의 식사에 고기가 첨가된 것과 관련이 깊다고 추론된다. 고기는 과일과 견과류가 줄어든 환경에서 풍부한 열량의 제공원이었다. 그러나 논의를 발전시키기에는 증거가 너무 부족했기 때문에, 호모속의 기원은 지금까지 수수께끼로 남아 있었다.

리 버거는 자신이 수수께끼의 핵심 조각을 찾아냈다고 생각한다. 남아프리카공화국의 요하네스버그에 있는 비트바테르스란트 대학교의 고인류학자로서, 그는 최근에 팀과 함께 호모속의 뿌리에 대한 연구자들의 이해를 혁명적으로 뒤집을 수 있는 일군의 화석을 발견했다. 흰색 벽으로 둘러싸인 그 대학의 인간진화연구소 210호에서, 그는 조지워싱턴 대학교의 버나드 우드가 4개의 플라스틱 상자 앞을 왔다 갔다 하는 것을 물끄러미 보고 있었다. 그 상자들은 방화 장치가 제거된 채 푸른 천이 덮인 탁자 위에 놓여 있었다. 상자 속 충격 완화 장치를 제거하자 200만 살에 가까운 화석들이 모습을 드러냈다. 한 상자에는 골반과 다리뼈들이, 두 번째 상자에는 갈비와 등뼈가 담겨 있었다. 세 번째 상자에서는 팔뼈와 빗장뼈(쇄골)가 그 모습을 드러냈다. 그리고 네 번째에 머리뼈가 놓여 있었다. 반대편 탁자 위에는 더 많은 상자들이 있었는데, 거의 완벽한 모습의 손과 같이 부차적인 골격 조각들이 담겨 있었다.

이 분야에서 꽤 영향력 있는 우드는 머리뼈 앞에서 멈춰선 채 더 면밀하게 관찰하기 위해 몸을 숙였다. 그는 미려한 이빨, 자몽 크기의 머리뼈를 살펴보면서 수염을 쓰다듬었다. 그리고 허리를 세우며 머리를 흔들었다. 천천히 말하길, "좀처럼 말문 막히는 일이 없었는데, 지금은 그저, 와우."

버거는 씩 웃었다. 그는 이전에도 이런 반응을 본 적이 있다. 2010년, 그가 출토한 유해를 공개한 이후, 전 세계 과학자들이 그의 실험실로 모여들어서는 획기적인 돌파구를 연 화석을 넋 놓고 쳐다보고 있다. 골격들이 드러내는 고유한 해부학적 특징을 종합하여, 버거와 그의 팀은 그 화석에 새로운 종인 오스트랄로피테쿠스 세디바(*Australopithecus Sediba*)라는 이름을 붙여주었다. 그들은 한 걸음 더 나아가서, 뼈에서 분명하게 드러나는 원시적인 오스트랄로피테쿠스 형질들과 진일보한 호모 형질들의 조합이야말로 계통수에서 그 종에 특권적 위치를 부여해야 하는 이유라고 주장한다. 판돈은 크다. 만약 버거가 옳다면, 고인류학자들은 호모속이 어디에서, 언제, 어떻게 기원했는지 그리고 최초의 인간이 된다는 것이 의미하는 바에 대해 완전히 다시 생각해야만 할 것이다.

가지 않은 길

존 내시 자연보호구역을 굽이치며 관통하는, 돌멩이 널브러진 더러운 도로를 달리던 버거는 잠시 지프를 멈추고 오른쪽으로 뻗은 폭이 좁은 도로로 차를 몰았다. 17년 동안, 그는 요하네스버그로부터 북서쪽으로 40킬로미터 떨어진 9,000헥타르에 달하는 개인 소유지인 야생 구역까지 이 지선 도로를 통과하여 여행했다. 큰 길을 따라 계속 나아가다가, 그곳에 거주하는 기린과 흑멧돼지, 야생벌을 지나쳐서 동굴에 가닿았다. 그의 팀 발굴이 이루어지고 있는 동굴로서, 글라디스베일에서 수 킬로미터밖에 떨어지지 않은 곳이다. 1948년 미국의 고생물학자 프랭크 피보디와 찰스 캠프가 유명한 남아프리카공화국의 고생물학자 로버트 브룸의 조언을 따라 호미닌(현생인류와 멸종한 그 친척들)의 화석을 찾기 위해 이 지역으로 왔다. 브룸은 8킬로미터 떨어진 스테르크폰테인과 스바르트크란스의 동굴에서 그런 화석을 발견한 바 있었다. 피보디는 브룸이 막연한 기대 속에서 일부러 자신들을 그곳으로 보낸 것은 아닌지 의심했다. 그런 까닭에 답사 현장이 그다지 인상적이지 않았다. 버거나 그 이전 탐험가들은 그들이 만약 이 작은 도로(요하네스버그를 건설하기 위해 채석장에서 캐낸 석회석을 주도로 옮기려고 1900년대 초반에 건설된 광부들의 여러 통행로 중 하나)로 들어서기만 했어도 일생일대의 발견을 이룰 수 있었으리라는 사실을 전혀 알아차리지 못했다.

마흔여섯 살의 버거는 오스트랄로피테쿠스 세디바 같은 것을 발견할 거라곤 상상조차 못했다. 호모속이 동아프리카가 아니라 남아프리카에 그 뿌리를 두고 있을 것이라고 생각하고는 있었지만, 획기적 발견을 해낼 수 있는 확률이 매우 드물다는 것도 잘 알고 있었다. 호미닌 화석은 엄청나게 드물어 "기대하기 어렵기" 때문이다. 그는 돌이켜봤다. 초점을 둔 지역은 소위 '인류의 요람'이었다. 이미 집중 탐사된 지역으로, 그곳 동굴들에서는 오랫동안 오스트랄로피테쿠스 계통의 화석이 발굴되고 있었다. 대체로 동아프리카 오스트랄로피테쿠스에 비해 호모속과 더 거리가 먼 것처럼 보였다. 그래서 버거는 날이 가고 해가 가도록 글라디스베일에서 계속 분투했다. 그런 방식으로는 수백만 개의 동물 화석 중에서 호미닌 화석을 발견할 가능성이 희박해지자, 그는 또 다른 목표인 답사 현장의 연대 측정에 매달렸다. 남아프리카 호미닌 화석을 해석하는 데 있어서 핵심 문제는 과학자들이 그 화석의 연대를 신뢰할 수 있을 만큼 확실하게 결정하는 방법을 확보하지 못한 점이었다. 동아프리카 호미닌 화석은 오래전 화산이 분출할 때 땅을 뒤덮은 화산재 사이로 지층을 이루는 퇴적물에서 나온 것이다. 지질학자들은 화산재 지층의 화학적 "지문"을 분석함으로써 그 연대를 확실하게 알아낼 수 있다. 샌드위치처럼 두 화산재 지층 사이에 놓인 퇴적층에서 나온 화석의 연대는 당연히 두 화산재 지층 연대의 중간 값이 될 것이다. 인류의 요람에 있는 동굴 답사 현장에는 화산재가 없지만 글라디스베일에서 겪은 17년 동안의 시행착오를 통해, 버거와 그의 동료들은 그 문제를 우회할 수 있는 요령을 알아냈다.

그런 요령은 곧 매우 쓸모를 발휘했다. 2008년 8월 1일, 구글 어스를 이용하여 점찍은 지역에서 잠재력이 큰 새로운 화석 답사 현장의 후보를 찾고 있는 동안, 버거는 17년 동안 지나쳤던 광부들의 통행로로 우회전하여 접어들었고 광부들의 폭파로 땅 위에 3~4미터 구멍이 나 있는 곳까지 그 길을 따라갔다. 그리고 현장을 뒤진 끝에 한 줌의 동물 화석을 발견했다. 그 정도면 정밀 조사를 위해 현장으로 되돌아와도 될 정도로 충분한 보상이었다. 8월 15일, 그는 당시 아홉 살의 아들 매슈, 그의 개 타우와 함께 그 현장으로 되돌아왔다. 매슈는 타우를 따라 덤불 속으로 뛰어들었고, 몇 분이 지나지 않아 화석을 발견했다고 아버지를 돌아보며 소리쳤다. 버거는 과연 중요한 발견일까 미심쩍었지만(아마도 영양 뼈에 불과하겠지 싶었으리라) 아버지로서 지지의 뜻을 보내고자 발견물을 살펴보기 위해 그곳으로 향했다. 번갯불에 맞은 나무 등걸에서 자란 키 큰 풀에 자리 잡은 어두운 암석 조각에서 삐져나온 것은 빗장뼈의 끝부분이었다.

그것을 보자마자, 버거는 호미닌에 속한다는 것을 알 수 있었다. 그다음 몇 달 동안, 그는 광부들의 구멍에서 20미터 떨어진 곳에서 또 다른 골격 일부를 통해 빗장뼈의 주인에 대한 더 많은 것을 알아냈다. 오늘날까지 버거와 그의 팀은 그 현장에서 오스트랄로피테쿠스 세디바의 뼈 220개 이상을 복원해냈다. 이것은 알려진 초창기 호모속 뼈들을 모두 합친 것보다 더 많은 수이다. 그는 그 답사 현장에 말라파(Malapa)라는 이름을 붙였는데, 지역 세소토 언어로 "집"을 의미한다. 글라디스베일에서 갈고닦은 접근법을 사용해서 버거 팀의 지질학자들은 화석의 연대를 측정할 수 있었는데, 197만 7,000년 전이라는 놀라운 정확도를 선보였다. 불확실성의 정도는 2,000년 안팎이다.

잡동사니 선조

말라파 화석들이 그렇게 많은 신체 부위들을 포함한 사실은 핵심적인 호모의 형질들이 나타났던 순서에 대해 독자적 통찰력을 제공할 수 있다는 점에서 의미가 크다. 그것들은 인간의 본질로 여겨지는 특징들이 지금껏 생각해왔듯 일괄 타결 방식으로 진화하지 않았음을 분명히 시사하고 있다. 전통적으로 오스트랄로피테쿠스 계통의 넓고 편평했던 골반이 머리가 더 커진 호모속에서는 머리 큰 아이를 낳을 수 있도록 사발 형태의 골반으로 진화했다는 것이 정설이다. 그렇지만 오스트랄로피테쿠스 세디바는 조그마한 뇌(현생인류 뇌 크기의 3분의 1로서, 420세제곱센티미터에 불과하다)와 함께 넓은 산도(産道) 그리고 인간과 유사한 골반을 지니고 있다. 이 조합은 뇌의 확대가 오스트랄로피테쿠스 세디바의 계통에서 골반의 변화를 추동한 것은 아님을 보여준다.

오스트랄로피테쿠스 세디바 화석들은 뇌 크기나 골반 형태와 같은 보편적 특성들에서 옛 버전과 새 버전이 뒤섞여 있을 뿐만 아니라, 보다 심층적 차원에선 그 패턴들이 마치 진화의 프랙털처럼 반복되는 모습을 보인다. 남자 아이의 머리뼈 내부를 분석한 결과는 뇌는 작지만 그 전두부는 확대되어 있음을 보여준다. 이는 뇌수의 회백질이* 발전적으로 재조직되었음을 의미한다. 성인 여성의 양팔은 도구의 제작과 이용에 적합하도록 적응한 짧고 곧

*뇌나 척수에서, 신경 세포체가 밀집되어 있어 짙게 보이는 부분.

은 손가락(다만 뼈 위 근육의 흔적들은 유인원처럼 강력하게 움켜쥘 수 있는 능력을 입증해주고 있다)과 나무에 거주하는 조상으로부터 물려받은 유인원의 잔존물이랄 수 있는 긴 팔로 이루어져 있다. 일부 경우에는 이러한 신구의 조합이 도저히 있을 수 없는 일이어서, 뼈들이 결합된 채 발견되지 않았다면 연구자들은 그것들이 완전히 다른 개체의 부속물이라고 해석했을 것이다. 예를 들어 말라파 팀의 구성원인 비트바테르스란트 대학교의 버나드 지펠에 따르면, 발

은 고대 유인원과 비슷한 뒤꿈치뼈와 호모속과 같은 복숭아뼈가 조합을 이루고 있다. 버거의 말마따나, 진화가 마치 미스터 포테이토헤드를* 가지고 노는 일과 같다고나 할까.

오스트랄로피테쿠스 세디바에서 명백히 드러나는 극단적인 모자이크 현상을 고인류학자들은 교훈으로 새겨야 한다고, 버거는 말한다. 그가 임의의 뼈들을 따로 발견했다면, 아마도 다르게 분류했을 것이다. 자궁에 기초해 보면 아마 호모 에렉투스(*Homo erectus*)라 불렀을 터인데, 팔만으로는 유인원임을 말해준다. 발목뼈는 현생인류에 잘 들어맞는다. 코끼리의 이곳저곳을 만지며 살펴보는 맹인들처럼, 그는 잘못을 저질렀을 것이다. "세디바는 더 이상 각각의 뼈들을 하나의 속(屬)으로 뭉뚱그릴 수 없음을 보여줍니다." 버거의 주장이다. 그의 관점에 따르면, 이것은 호모속의 초기 흔적으로 제시되었던 에티오피아의 하다르에서 출토된 230만 년 된 위턱뼈와 같은 발견물을 호모 계통에 속한다고 가정하는 일이 더 이상 안전하지 않음을 의미한다.

*1949년에 미국에서 개발된 플라스틱 인형으로 눈, 귀, 코, 입 등 주요 부위를 붙였다 뗐다 할 수 있는 구조이다. 몸의 주요 부분을 다른 형태로 재구성할 수 있다는 점을 비유한 말이다.

그 턱을 고려 대상에서 제외함으로써, 오스트랄로피테쿠스 세디바는 연대가 잘 알려진 모든 호모 화석들보다 더 오래된 것으로 자리 잡으면서도 오스트랄로피테쿠스 아파렌시스보다는 더 젊으므로 호모속의 중간 조상임을 보여주는 유리한 고지를 차지하게 될 것이라고, 버거의 팀은 주장한다. 더욱이 오스트랄로피테쿠스 세디바의 선진적인 특성을 고려하여, 연구자들은 특별히 호모 에렉투스의 선조가 될 수 있다고 제안한다. 일부 학자들은 호모 에르가스터(*Homo ergaster*)라는 또 다른 종의 한 부분으로 간주하기도 한다. 따라서 오스트랄로피테쿠스 아파렌시스가 호모 하빌리스(*Homo habilis*)를 낳았고, 호모 하빌리스는 호모 에렉투스를 낳았다는 전통적 관점을 대신해서, 그는 오스트랄로피테쿠스 아프리카누스가 오스트랄로피테쿠스 세디바의 조상에 보다 가깝고, 그 세디바가 호모 에렉투스를 낳았다고 주장한다.

그런 배열에 따르면 호모 하빌리스는 인류 계통수의 막다른 골목으로 내몰리게 될 것이다. 그렇게 되면 심지어 오스트랄로피테쿠스 아파렌시스(오랫동안 오스트랄로피테쿠스 아프리카누스와 호모속을 포함하는 이후 모든 호미닌의 조상으로 간주되어온)에게도 진화의 재갈이 물리게 될 것이다. 버거는 오스트랄로피테쿠스 세디바의 뒤꿈치가 오스트랄로피테쿠스 아파렌시스의 그것보다 더 원시적인데, 이는 오스트랄로피테쿠스 세디바가 더욱 원시적인 뒤꿈치를 향해 진화적 역주행을 했거나 그 뒤꿈치가 오스트랄로피테쿠스 아파렌시스와 오스트랄로피테쿠스 아프리카누스를 포괄하는 계통과는 다른 계통(아직 발견되지 않은 계통)에서 내려왔음을 의미한다고 강조한다.

"남부에서는 이런 말이 있어요. '당신은 당신이 데려온 여자와 춤을 춘다.'" 조지아 주의 실베이니아에 있는 농장에서 자랐던 버거가 비꼰다. 동아프리카에서 발굴된 화석들로부터 호모속의 기원을 짜 맞추려는 노력이야말로 "바로 고인류학자들이 이제까지 해왔던 일"이다. 그는 덧붙인다. "이제 우리는 저 밖에 더 큰 잠재력이 있음을 알아차려야만 해요." 어쩌면 인간 기원에 대한 동아프리카 쪽 이야기는 틀렸을 수 있다. 남아프리카의 가장 오래된 호미닌 화석에 대한 전통적 관점들이란, 그 화석이 결국에는 용두사미로 끝나고 말 개별 진화 실험을 보여준다는 것이다. 오스트랄로피테쿠스 세디바는 전세를 역전시켜 우리가 알고 있듯이 남아프리카에서 또 다른 계통으로서, 즉 궁극적으로 인류의 탄생을 불러왔던 계통으로 그 모습을 드러낼 것이다(실제로 세디바는 세소토 언어로 "샘" 또는 "수원(水源)"을 뜻한다).

에티오피아에서 230만 년 된 위턱뼈를 발견한 팀을 이끌었던 애리조나 주립대학교의 윌리엄 킴벨은 이런 주장을 전혀 인정하지 않는다. 표본을 분류하기 위해 골격이 필요하다는 생각은 "비상식적 논쟁"이라고, 그는 반박한다. 핵심은 특수한 형질을 포함하는 해부학적 조각들을 찾는 것이고, 하다르 턱뼈는 치아열에 의해 형성된 포물선 형태와 같이 호모속과의 연결성이 분명한 특징을 지니고 있다는 것이다. 말라파 화석을 보기는 했지만 심도 있게 연구를 해본 적은 없는 킴벨은 그것으로 무엇을 할 수 있는지는 확신할 수 없었지만, 호모속과 비슷한 그 속성들이 흥미롭다는 것은 알고 있었다. 그렇지만 그는 그 화석들이 호모 에렉투스의 직계 조상이라는 제안을 비웃었다. "동아프리카에서는 30만 년 이전에 호모속이 이미 분명하게 그 모습을 드러냈는데, 남아프리카에서 호모속처럼 보이는 소수 특징만을 지닌 분류군이 어떻게 호모속의 조상이 될 수 있는지 모르겠어요." 그는 그 턱뼈를 언급하면서 힘주어 말했다.

오스트랄로피테쿠스 세디바가 호모속 줄기의 뿌리라는 주장에 반대를 하는 것은 킴벨만이 아니다. "잘 들어맞지 않는 것이 너무 많아요. 특히 연대와 지리가 그렇죠." 케냐에 있는 투르카나 분지연구소의 미브 리키의 말이다. 그녀는 동아프리카에서 출토된 화석들에 초점을 맞추고 있다. "남아프리카 호미닌들은 대륙의 남쪽에서 발생했던 독자적 방사일 가능성이 훨씬 높습니다."

조지워싱턴 대학교의 르네 봅은 만약 오스트랄로피테쿠스 세디바의 유해가 더 오래되었다면(가령 250만 년 정도라면) 호모속의 조상으로 볼 여지가 있다고 말한다. 그러나 197만 7,000년의 연령이라면, 케냐의 투르카나 호(湖) 지역에서 출토된 화석들의 조상으로 여기기에는 전체적 형태로 볼 때 유인원에 훨씬 더 가깝다. 그 화석들은 단지 어린이에 불과함에도 훨씬 더 논쟁의 여지가 없을 만큼 호모속의 형질들을 다수 포함하고 있다. 버거는 오스트랄로피테쿠스 세디바가 말라파 개체 이전에 종으로서 분명히 존재했다는 반론을 편다. 봅과 다른 사람들은 그에 관한 정보가 부족하다고 주장한다. "고인류학자들은 자신들이 발견한 화석이 인류 계통수에서 핵심적 위치에 놓인다고 생각하는 경향이 강하지만, 많은 경우에 그것은 적절하지 않습니다." 봅의 관찰이다. 통계적 관점에서 "만약 복잡한 방식으로 진화중인 아프리카 전역에 분포된 호미닌 모집단이 있다면, 여러분이 발굴한 화석이 왜 굳이 조상이 되어야 합니까?"

버거는 우드에게서 동의를 구할 수 있었다. 오스트랄로피테쿠스 세디바가 일부 분리된 뼈들만으로 그 동물의 나머지를 예측하는 일은 문제가 있음을 보여준다는 점에서 버거는 "확실히 옳다." 그는 덧붙인다. 오스트랄로피테쿠스 세디바가 보여주는 바는 기존의 화석 발견들에게서 분명하게 드러난 형질들의 조합이 더 이상 부정할 수 없을 만큼 확실히 옳지는 않다는 점이다. 그러나 우드는 오스트랄로피테쿠스 세디바가 호모속의 조상이라는 주장 자체는 인정하지 않는다. 그는 말한다. "호모속과 연관 지을 만한 특징들이 그다지 많지 않다." 그리고 오스트랄로피테쿠스 세디바는 호모 계통과는 별도로 그런 형질들을 진화시켰을 수 있다. "나는 단지 세디바가 에렉투스로 진화하기 위해서는 해야 할 일이 너무 많았을 거라고 생각할 뿐이다." 우드의 말이다.

오스트랄로피테쿠스 세디바가 우리 계통수에서 어디에 속하는지를 둘러싸고 벌어지는 논쟁이 해소되지 않는 데에는 호모속에 대한 분명한 정의가 부족한 점도 한몫하고 있다. 만족스런 정의를 내리기란 보기보다 까다로운 일이다. 변화의 시기에 출토된 표본들의 수가 너무 적고, 그들 대부분이 조각들에 불과하므로 오스트랄로피테쿠스 선조들과 확연히 구분되는 호모속의 특징들 (우리를 진짜 인류로 만들었던 형질들)을 포착하기란 쉽지 않음이 드러났다. 말라파에서 출토된 골격들은 상황의 복잡성을 그대로 보여준다. 즉 그 골격들은 모든 호모속의 초기 표본들보다 훨씬 완벽한 모습을 띠고 있어서 다른 것들과 비교하는 일이 매우 어렵다. 버거는 말한다. "세디바는 우리로 하여금 개념 정의를 분명히 할 것을 요구하고 있습니다."

모든 것은 구체성 속에

말라파 화석들은 계통수에서의 위치와 상관없이 연구자들에게 초기 호미닌에 대한 가장 구체적인 초상화를 제공해주는데, 그것은 부분적으로 그 화석들이 다수의 개인을 포함하고 있기 때문이다. 가장 완벽한 표본인 남자 아이와 성인 여성에 더해, 버거의 팀은 아이를 포함하여 또 다른 네 명의 개인들 것으로 추정되는 뼈들을 수집해왔다. 화석이 인구 집단을 이루는 경우는 인간 화석 기록에서는 믿기 힘들 정도로 드문 데다, 말라파의 개인들은 그에 더해 비할 데 없는 보존 상태를 보여준다. 오랜 기간에 걸친 파괴를 견뎌내기 힘들었던 호미닌 화석들(즉 종이처럼 얇은 어깨뼈, 첫 번째 갈비뼈인 가늘고 긴 조각, 완두콩 크기의 손가락뼈, 손상되지 않고 뾰족하게 돌출된 등뼈)이 여기에서 출토된 것이다. 그리고 파편의 형태로만 알려져 있었던 수많은 뼈들이 여기에서는 온전했다.

말라파의 발견 이전만 해도, 고인류학자들은 단일한 형태로 완벽한 팔을 초기 호미닌에서 얻지 못하고 있었다. 이것은 이동성과 같이 인간의 본질적 행위들을 재구성하는 데 쓰이고 있던 팔다리(사지)의 길이가 사실은 추정치에 불과함을 의미한다. 심지어 루시(1974년에 발견된 당시 그렇게 오래된 것으로는 가장 완벽한 호미닌)조차 팔뼈와 다리뼈의 중요한 부위들이 없는 상태였다. 반면 말라파에서 출토된 성인 여성 화석은 어깨뼈에서 손에 이르기까지 팔 거의 전부가 보존된 상태다. 그녀의 손가락들 중 거의 마지막 부위와 손목뼈(완골)만이 분실된 상태인데, 버거는 그 현장을 체계적으로 발굴하면 그것들(그리고 두 골격의 뼈 나머지)도 찾을 수 있으리라 기대하고 있다(현재까지 그 팀은 지표면에서 눈에 띄는 뼈들만 수집한 상태). 실제로 남자 아이의 분실된 뼈 일부는 이미 발굴된 상태일 수도 있다. 7월에 버거는 그 현장에서 나온 큰 바위에 대한 CT 촬영을 통해 바위 속에 있는 다수의 뼈를 찾아냈는데, 그 속에는 아래턱의 각 부위들과 완벽한 모습으로 복원될 수 있는 넙적다리뼈가 포함되어 있었다. 말라파 화석들을 통해 연구자들은 오스트랄로피테쿠스 세디바가 어떻게 성장했는지, 주변 환경에서 어떻게 돌아다니는지, 인구 집단의 구성원들이 서로 얼마나 다른지를 재구성해낼 수 있을 것이다.

새롭게 발굴된 우리 친척들의 삶의 방식에 대해 핵심 단서를 제공해줄 수 있는 것은 뼈들뿐만이 아니다. 말라파는 오스트랄로피테쿠스 세디바에 대한 연구자들의 이해를 구체화할 수 있는 약간의 다른 물질도 간직하고 있다. 고생물학자들은 오랫동안에 걸친 화석화 과정에서 피부·머리카락·신체기관 등과 같은 생물체의 모든 유기적 요소들은 분해되면서 사라지고, 광물화된 뼈만 남는다고 생각해왔다. 그런데 버거는 남자 아이의 머리뼈를 찍은 CT 사진을 보다가, 화석의 표면과 실제 뼈의 외곽 사이에 공기층이 형성되는 곳인 왕관 모양의 한 부분을 발견했다. 그 부분을 좀 더 자세히 들여다본 후, 그는 표면이 피부 조직의 구조물처럼 보이는데 그 표면에 뚜렷한 패턴이 있다는 것을 알 수 있었다. 그는 현재 남자 아이 화석의 이상한 왕관 모양과 여성의 턱에 생긴 파편이 진짜 피부인지를 알아내기 위한 광범위한 시험을 진행하고 있다.

피부 조직이라는 사실이 확인된다면, 오스트랄로피테쿠스 세디바의 피부색과 그 머리카락의 밀도와 패턴을 알 수 있을 것이다. 그런 증거는 땀샘의 분포를 알려줄지도 모르며, 이는 그 종이 얼마나 자신의 체온을 잘 조절할 수 있었는지에 대한 통찰력을 제공해줄 정보이기도 하다. 그를 토대로, 그 종의 능동성 정도를 일정하게 파악해낼 수 있을 것이다. 나아가 땀샘은 뇌 진화에 대한 단서를 제공해줄 수도 있을 것이다. 즉 뇌는 온도에 민감하므로 냉각을 유지할 수 있는 효과적 수단은 큰 크기의 뇌 출현에 필수적인 것으로서, 호모속을 대표하는 특징이다. 그리고 만약 유기물이 현존한다면, 버거는 잔해로부터 DNA를 얻을 수도 있을 것이다. 현재까지 염기배열이 알려진 가장 오래된 호미닌 DNA는 네안데르탈인에게서 얻은 10만 년 된 것이다. 그러나 말라파에서의 보존 환경은 대단히 예외적이어서 버거는 훨씬 오래된 오스트랄로피테쿠스 세디바의 표본에서 유전 정보를 얻을 수 있으리라는 희망도 일부 품고 있다. 그렇게 되면 과학자들은 성인 여성과 남자 아이의 관계에 대해 현재 추정하듯이, 그들이 진짜 모자관계라는 것을 알아낼 수 있을지도 모른다. 그리고 만약 그렇다면 그 현장에서 발굴된 다른 호미닌들과의 관계도 어떤 식으로 짜 맞출지 알 수 있을지 모른다. 더욱이 그런 발견은 다른 초기 호미닌 답사 현장에 있는 연구자들이 DNA 시험을 실시하도록 촉진할 수 있고, 그런 일련의 시도는 만약 성공적이라면 다양한 호미닌들이 서로 어떤 관련을 맺고 있는지에 대한 논쟁을 마무리하는 데 도움을 줄 수 있을 것이다.

유기 잔해의 보존은 호미닌 고생물학 분야에서 최초의 사례나 다름없으므로, 말라파 팀은 연구자 사회에서 자신들 주장을 펼치기 위해서는 예외적으로 명백한 증거를 제시해야 한다는 점을 잘 알고 있다. 그럼에도 비슷한 주장들이 공룡의 뼈에서 나온 유기물을 두고도 펼쳐지고 있다. 공룡은 말라파 화석보다 1000만 년은 더 오래된 것이다. 호미닌 집단 화석에서의 유기 보존은 꽤나 일반적일 수 있다고, 버거는 주장한다. 단지 아무도 찾아보려고 생각하지 못했을 뿐이라는 것이다.

이 오래된 영장류에서 아무도 찾아보려 하지 않았던 또 다른 것은 무엇인 가? 치석이다. 남자 아이 어금니 표면에는 어두운 갈색의 염색 자국이 배어 있었다. 연구를 위해 화석을 다루는 사람들은 호미닌 유해를 준비할 때 대개 이빨을 깨끗이 청소한다. 버거는 그 자국이 오늘날 인간들이 칫솔질을 하고 치과를 순례하며 그토록 없애고자 하는 치석과 같다는 사실을 알아냈다. 마멸 및 염색 흔적과 화학 성분에 대한 분석을 통해, 오스트랄로피테쿠스 세디바가 놀라운 식습관을 지니고 있음도 밝혀낼 수 있었다.

2011년 10월, 아칸소 대학교의 피터 운가와 볼더 시에 있는 콜로라도 대 학교의 맷 스폰하이머는 《사이언스(Science)》에 실린 논문들의 최근 분석에 서 초기 인류가 예상 밖으로 식생활이 다양했음을 암시한다는 사실을 발견했 다. 무엇을 먹었는지에 대한 연구는 치아에 포함된 탄소 동위원소의 비율을 주목하였는데, 그 비율은 동물이 소위 C3 식물(나무와 관목)을 먹었는지, 아니 면 C4 식물(풀과 사초)을 먹었는지, 그것도 아니라면 둘 모두 먹었는지에 대한 단서를 제공해주기 때문이다. 또한 육식 종의 경우라면 그런 식물을 먹은 동 물들을 잡아먹었는지도 알려줄 수 있다. 최초의 호미닌으로 여겨지는 것 중 하나인 아르디피테쿠스 라미두스(*Ardipithecus ramidus*)는 사바나 침팬지들 이 그렇듯 주로 C3 음식을 먹었던 반면, 또 다른 최초의 아프리카 호미닌들은 C3와 C4가 뒤섞인 음식을 먹었던 것 같다. 어떤 종, 즉 파란트로푸스 로부스투스(*Paranthropus robustus*)의 음식 대부분은 C4였다. 유타 대학교의 투어 설 링과 그의 동료들은 2011년 6월에《미국학술원 회보》에 이 사실을 보고한 바 있다.

　오스트랄로피테쿠스 세디바의 치아 연구는 이런 다양한 분석에 또 다른 측 면을 보여준다. 버거와 아만다 헨리(라이프치히에 있는 막스플랑크 진화인류학 연 구소 소속) 그리고 그의 동료들은 6월에《네이처》온라인에 실린 논문에서, 그 답사 현장에서 발굴된 가장 완벽한 두 개인의 치아 화학 분석 결과 C3 음식 에 치우친 식습관을 보여준다고 보고했다. 이 결과는 놀라움으로 다가왔는데, 그와 유사한 시대에 살았던 다른 영장류들이 C4 음식에 더 많이 의존하고 있 었을 뿐만 아니라 고생물학적 증거도 C4 식물들이 말라파 환경을 지배하고 있었음을 보여주기 때문이다. 치석은 결과적으로 수수께끼를 더욱 미궁에 빠 뜨릴 뿐이었다. 그 팀은 치석에 새겨져 있는 식물규소체라 불리는 이산화규소 결정을 연구했다. 식물규소체는 식물에게서 왔고, 일부는 종 특유의 결정 형 태를 만든다. 따라서 이런 식물규소체의 연구를 통해, 동물이 죽기 직전에 어 떤 종류의 식물을 먹었는지 밝혀낼 수 있다. 오스트랄로피테쿠스 세디바는 나 무껍질(연구자들이 초기 호미닌의 메뉴에 속한다고 기대하지 않던)을 포함한 엄청 나게 다양한 식물 음식들을 먹었음이 분명했다. 반면에 치아의 마멸 패턴은 죽기 직전에 다소 딱딱한 음식을 먹었음을 보여준다.

　식습관에서 발견된 결과를 종합해볼 때 오스트랄로피테쿠스 세디바는 C4 초지로 둘러싸인 숲에서 C3 음식을 찾아 헤맨 꼴이다. 다른 영장류들이 과일을 비롯한 다른 고품질 식물 먹이를 이용할 수 없을 때 나무껍질을 먹는다는 사실이 알려져 있으므로, 나무껍질을 섭취했다는 증거는 당시 호미닌이 시련 속에 있었음을 말해준다고 볼 수 있다. C3 징표가 이들 호미닌이 C3 식물을 먹은 동물들을 잡아먹었다는 사실을 말해주는 것은 아닐까? 살코기 취향은 호미닌의 작은 치아에도 잘 들어맞을 수 있다. 고품질 식사는 작은 치아는 물론 능숙한 손과도 잘 어울린다. 능숙한 손을 써서 고기를 가공하기에 적절한 석기를 제작하고 사용할 수 있었을 터이기 때문이다.

종말의 순간

말라파 호미닌의 최후의 날은 냉혹하게 다가왔던 것으로 보인다. 가뭄이 닥치면서 물을 얻기 힘들었던 듯하다. 버거는 마실 물을 애타게 찾던 호미닌들이 옅은 물웅덩이에 접근하려고 말라파에 있는 30~50미터 깊은 지하 동굴로 내려가다가 매몰되면서 죽음을 맞이했다고 추측한다. 아마도 어린 아이가 먼저 떨어졌고, 성인 여성(아마도 그의 엄마)은 그를 구하려다가 마찬가지로 떨어지고 말았을 것이다. 영양에서 얼룩말에 이르는 나머지 동물들 경우에도 마찬가지 운명을 만났을 것이다.

　흥미롭게도 답사 현장의 지질학적 증거는 말라파의 집단 화석이 지구 자기장이 역전되던 시기와 동일한 시대에 형성되었음을 말해준다. 지구 자기장이 뒤집어져서 자기장 북극이 자기장 남극이 된 사건을 말한다. 그런 시기적 일치는 자기장 역전이 당대 생명체의 사망에 일정하게 영향을 미쳤는지를 둘러싸고 궁금증을 자아낸다.

과학자들은 자기장 역전이 왜 일어났는지 그리고 그로 인해 환경 변화가 촉진되었는지에 대해 아는 바가 거의 없다. 일부 지질학자들은 이런 사건들을 생태적 대재앙이 발생했음을 보여주는 사례로 해석해야 한다고 주장한다. 자기장 역전에 대한 대지의 기록과 동시대의 집단 화석을 동시에 지닌 세계 유일한 곳으로서, 말라파는 지구의 자극이 서로 뒤바뀔 때 무슨 일이 일어났는지에 대한 통찰력을 제공해주리라는 기대를 한 몸에 받고 있다.

그들의 죽음에 대해 추가 단서를 제공하는 또 다른 증거가 있다. 말라파에서 출토된 임신한 영양과 그 태아의 화석화된 뼈는 과학자들이 호미닌들이 죽었던 해의 시간대를 두 주 정도 오차범위로 포착해낼 수 있도록 도움을 줄 수 있을 것이다. 영양은 봄에 매우 짧은 기간 동안 새끼를 낳기 때문에 그 태아에 대한 분석을 통해 연구자들은 죽은 당시 얼마나 오랫동안 새끼를 밴 상태였는지를 알아낼 수 있기 때문이다. 한편 호미닌의 죽음 이후에 생겨났을 구더기와 송장벌레들은 동굴이 무너져서 그들을 파묻기 전까지 사체가 노출되었던 시기가 얼마인지를 밝혀줄 수 있을 것이다.

어떻게 보면 오스트랄로피테쿠스 세디바에 대한 연구는 이제 막 시작되었을 뿐이다. 2011년 11월 말, 남녘의 봄날 아침에 버거는 말라파에 온 방문객들에게 말한다. "여러분은 호미닌 화석 위를 걷고 있는 중입니다." 그들은 매슈가 빗장뼈를 발견했던 나무와 버거가 빗장뼈의 소유자를 발굴했던 광산 구멍 사이, 돌이 널린 땅 위에 서 있었다. 구멍 속으로 내려가면서, 버거는 구경

꾼들에게 모습을 얼핏 드러낸 바위 위 화석 조각들을 가리켰다. 놀라움에 사로잡힌 손님들은 목을 빼고 아이의 팔뼈와 의사검치호랑이(전형적인 검치호랑이와 구분하기 위해 부르는 이름)의 아래턱을 힐끗 쳐다보았다. 광부들 그리고 우연한 폭우 덕분에 한 곳에 모여 모습을 드러낸 유해들이 있었기에 그 팀은 기록상 최대의 화석 호미닌 표본을 모을 수 있었다. 연구자들이 500제곱미터 정도 되는 답사 현장을 발굴하기 시작하면, 훨씬 더 다양한 많은 뼈들을 발굴할 수 있으리라는 것을 버거는 알고 있다. 답사 현장을 파괴 요소들로부터 보호할 수 있는 구조물을 세워서 최신식 현장 실험실로 기능하도록 만드는 광범위한 계획이 진행 중이다. 한편 비트바테르스란트 대학교에 있는 말라파 전담 연구실에는 광부들의 구멍에서 가져온 파괴된 돌덩어리들이 바닥에서 천장까지 선반을 가득 채우고 있다. 연구자들은 성인 여성의 잃어버린 머리뼈를 포함하여 더 많은 호미닌의 뼈들을 찾고자 CT 스캐너를 이용해서 돌덩어리 속을 들여다보고 있다.

말라파의 풍부함은 실로 엄청나서 버거는 그 화석들을 연구하면서 평생을 보낼 수도 있을 것이다. 그럼에도 그는 이미 다음 행선지를 생각하고 있는 중이다. "오스트랄로피테쿠스 세디바는 나에게 우리가 더 나은 기록을 간절히 원하고 있음을, 그리고 그것이 저 밖에 있음을 가르쳐줬어요." 버거를 말라파로 인도했던 지도 제작 프로젝트를 통해, 그 요람의 땅에 호미닌 유해의 발굴 후보지로서 36개 이상의 새로운 답사 현장이 있을 수 있음이 확인되었다. 버거는 후보지 가운데 가능성이 가장 큰 곳을 발굴하기 위해 연구자들을 모으고 있다. 그런 한편 버거 자신은 훨씬 더 먼 곳에 시선을 보내고 있다. 콩고와 앙골라에도 그 요람의 땅에 있는 것과 비슷한 동굴들이 있는데, 아직까지 호미닌 화석을 찾기 위한 어떤 노력도 이루어지지 않았음을 발견했기 때문이다. 아마도 그는 그곳에서 우리 기원에 대한 이야기를 또 한 번 새롭게 쓸 수 있는, 인류 여명기를 밝혀줄 예상치 못한 또 다른 화석을 찾아낼 수 있을지 모른다.

1-3 발가벗은 진실

니나 자블론스키

영장류 중에서, 인간은 거의 발가벗은 피부를 지닌 유일한 존재이다. 우리 대 가족에 속하는 다른 모든 구성원은 포유동물 대부분이 그렇듯 조밀한 털(짖는 원숭이의 짧고 검은 털부터 오랑우탄의 코트처럼 치렁치렁한 구릿빛 털에 이르기까지) 이 피부를 덮고 있다. 물론 우리 인간들도 머리와 다른 곳에 털이 나 있기는 하지만, 우리 친척들과 비교하면 털이 가장 많이 난 사람이라도 기본적으로 알몸이나 다름없다.

　우리는 어째서 이렇게 발가벗게 되었을까? 학자들은 수 세기 동안 이 질문 을 심사숙고해왔지만 대답을 찾기는 어려웠다. 즉 직립 보행처럼 인간 진화를 보증하는 대부분의 변화들은 우리 선조의 화석 속에 직접 기록되어 있지만, 알려진 어떤 유해도 인간 피부의 거부할 수 없는 흔적을 보존하고 있는 경우 는 없다. 그렇지만 최근 몇 년 사이에 연구자들은 화석 기록 속에 털북숭이에 서 알몸으로 변한 우리의 변이에 대한 간접적 단서들이 포함되어 있음을 알 게 되었다. 유전체학과 생리학으로부터 지난 10년 동안 하나둘씩 얻어낸 이 런 단서와 통찰력 덕분에, 나와 다른 학자들은 왜 그리고 언제 인류가 자신의 털을 벗어던지게 되었는지에 대한 강력한 설명을 제공해줄 수 있게 되었다. 기벽에 가까울 정도로 대단히 예외적인 우리 모습을 설명해주는 것에 더해, 발가벗은 피부 그 자체가 우리의 큰 뇌와 언어 의존성을 비롯한 인간성을 대표하는 형질의 진화에서 핵심적 역할을 했음을 강조하는 시나리오이다.

털투성이 상황

우리 조상들이 왜 체모를 잃어버렸는지를 이해하려면, 먼저 왜 다른 종은 가죽을 선호하게 되었는지를 고려해야만 한다. 털은 포유류에게만 고유한 것으로 몸을 뒤덮는 형태를 취한다. 실제로 그것은 포유강을 정의하는 특징이다. 즉 모든 포유류는 최소한 얼마간의 털을 지니며, 그들 대부분은 대체로 털이 풍부하다. 그것은 외부와의 마찰, 습기, 손상을 입히는 햇빛, 잠재적으로 유해한 기생충과 미생물 등으로부터 신체를 격리하고 보호한다. 또한 가죽은 포식자가 혼란스럽도록 위장하는 역할을 하고, 가죽의 구분되는 패턴은 같은 종의 구성원에게 다른 구성원을 인식할 수 있도록 해준다. 더욱이 포유류는 공격이나 흥분을 표현하는 사회적 과시에 털을 이용하기도 한다. 가령 개가 목과 등에 있는 털을 무의식적으로 세워 "화가 났음"을 보일 때, 도전자에게 꺼지라는 분명한 신호를 보내고 있는 셈이다.

이처럼 중요한 많은 목적들에 털이 기여하고 있음에도 불구하고, 포유류 계통의 어떤 구성원은 너무 성기고 가늘어서 어떤 기능도 제공할 수 없도록 털을 진화시켜왔다. 이런 생명체 다수는 지하에 살거나 물속에만 거주했다. 발가벗은 두더지 같은 땅속 포유류의 경우, 탈모는 거대한 지하 세계에서 생활하기 위한 대응에 따른 진화이다. 지하 세계에서 털은 지나친 존재인데, 어둠 속에선 동물들끼리 서로를 볼 수 없고 그들의 사회적 구조란 온기를 위해

서로 뒤엉켜 있는 것에 불과하기 때문이다. 고래처럼 해변에 결코 나타나지 않는 해양 포유동물의 경우, 발가벗은 피부는 표면 저항을 줄여줌으로써 장거리 수영과 잠수에 도움을 준다. 이런 동물들은 외부와의 격리가 미흡함을 보상하고자 피부 밑에 지방층을 보유하고 있다. 이에 반해 수달처럼 반(半)수생동물은 부력을 만들도록 공기를 가둬둘 수 있는 조밀한 방수용 털을 보유하고 있어서 물 위로 쉽게 떠오를 수 있다.

코끼리와 코뿔소, 하마 등과 같이 지상에서 가장 큰 포유류들도 발가벗은 피부로 진화했는데, 그들은 항상적으로 과열의 위험에 놓여 있었기 때문이다. 동물의 크기가 클수록, 전체 몸무게와 비교할 때 피부 표면적은 더 적어지는데, 이로 말미암아 몸에서 발생하는 초과열을 제거하는 데 더욱 큰 어려움을 겪는다(반대로 표면적 대비 부피가 큰 쥐와 다른 작은 동물들은 종종 충분한 열을 지켜내기 위한 힘든 싸움에 돌입하곤 한다). 플라이스토세(홍적세) 기간(200만 년 전에서 1만 년 전에 이르는 시기)에, 매머드와 현대의 코끼리, 코뿔소의 다른 친척들은 차가운 환경 속에 살았기 때문에 "털투성이"였고, 그런 외부적 격리로 인해 그들은 음식 섭취량을 줄이고 체온을 보존할 수 있게 되었다. 그러나 오늘날의 모든 거대 초식동물들은 땀을 배출해야 하는 환경 속에서 살아가고 있다. 그 속에서 털가죽은 그런 엄청난 비율의 야수들에게는 죽을 맛에 불과했다.

인간의 탈모는 지하나 수중에서 살기 위한 진화적 적응의 결과가 아니다. 소위 수중 유인원 가설이 대중적 호응을 받고 있지만 말이다. 또한 거대한 체구에 따른 결과도 아니다. 우리의 발가벗은 피부는 우리의 뛰어난 땀 배출 능력이 말해주듯, 체온 유지와 주로 관련이 있다.

땀 배출하기

체온 유지는 많은 포유류에게 대단히 심각한 문제이다. 거대한 포유류만 해당하는 일이 아니라, 포유류들이 뜨거운 장소에 살면서 오래 걷기와 달리기로 엄청난 열이 발생할 때 특히 더 그렇다. 이런 동물들은 제 조직과 기관, 특히 뇌가 과열로 손상을 입을 수 있기 때문에 자신들의 핵심 신체 부위의 체온을 조심스럽게 조절해야만 한다. 포유류는 몸이 뜨거워지는 일을 피하기 위한 다양한 방법을 채택하고 있다. 개는 헐떡거리고, 많은 고양이 종들은 신선한 저녁 시간에 활발하게 움직인다. 많은 영양들은 동맥에 있는 피에서 작은 정맥의 피로 열을 실어 나를 수 있고, 코를 통한 호흡으로 정맥의 피를 식힌다. 인간을 포함한 영장류의 경우, 땀 배출은 원시적 전략이다. 피부 표면에서 물방울을 만들어낸 후 증발 작용을 통해 열에너지를 피부로부터 제거하는 방식으로 체온을 유지한다. 증발 냉각(또한 습지 냉각으로 알려져 있기도 하다) 원리를 따라서 이런 전체 체온 유지 기제가 작동하는 것이다. 이 냉각 기제는 뇌의 과열 위험을 다른 신체 부위들처럼 예방하는 데 있어서 매우 효과적이다.

그렇지만 모든 땀이 같지는 않다. 포유류 피부에는 함께 땀을 발생하는 세 가지 형태의 선(腺), 곧 피지선, 아포크린샘, 에크린샘이 포함되어 있다. 대부분 종에게 있어서 지배적인 땀샘은 피지선과 아포크린샘인데, 모낭의 기저 근처에 위치한다. 분비된 땀은 번들거리고 이따금 거품을 내는 혼합물을 만들어

털을 감싼다(경주마가 달릴 때 발생하는 거품 같은 땀을 생각해보자). 이런 형태의 땀은 동물의 체온을 떨어뜨리는 데 도움을 준다. 그러나 열을 발산하는 능력에는 한계가 있다. 아이오와 대학교의 에드거 포크 주니어와 그 동료들은 동물의 가죽이 젖으면서 이런 두껍고 기름기 있는 땀과 뒤엉키면 냉각 효과가 떨어진다는 사실을 20년 전쯤 밝혀냈다. 효율성에서 손실이 발생하는 이유는 피부의 표면이 아니라 털의 표면에서 증발이 일어나기 때문인데, 그만큼 열전달이 원활할 수 없는 탓이다. 이처럼 매인 상태에서는 열전달이 효율적일 수 없는데, 그렇기에 물을 더 많이 마셔야만 하지만 그 또한 쉽게 이룰 수 있는 목표는 아니다. 더운 날에 오랜 동안 또는 활발하게 움직여야만 하는 털로 뒤덮인 포유류는 열 탈진으로 무너져 내리고 말 것이다.

탈모에 더해, 인류는 예외적으로 많은 수(200만에서 500만 개 사이)의 에크린 샘을 보유하고 있다. 이 샘을 통해 하루에 12리터의 진하고 촉촉한 땀을 생산해낼 수 있다. 에크린샘은 모낭 근처에 모여 있기보다, 피부 표면 가까운 곳에 자리 잡고서 작은 땀구멍들을 통해 땀을 배출하고 있다. 털에 모이는 것이 아니라 피부를 통해 바로 배출될 수 있도록 해주는 발가벗은 피부와 촉촉한 땀의 이런 결합은 인류가 심한 과열 문제를 매우 효과적으로 해결할 수 있게 해주었다. 실제로 《스포츠 메디신(Sports Medicine)》에 실린 대니얼 리버먼(하버드 대학교)과 데니스 브럼블(유타 대학교)의 2007년 논문에 따르면, 우리의 냉각시스템은 너무도 뛰어나서 더운 날 말과 경쟁하는 마라톤에서도 인간은 이길 수 있다고 한다.

피부를 보여줘

인류는 가죽이 없는 유일한 영장류이고 풍부한 에크린샘을 지녔다. 따라서 뭔가 특별한 일 때문에 살아 있는 우리 호미니드 친척들 중 가장 가까운 침팬지 계통에서 갈라져 나와 발가벗은 땀투성이의 피부를 선호하기 시작한 것으로 생각하기 쉽다. 하지만 그다지 놀랄 필요 없이, 변이는 기후 변화와 함께 진행된 것으로 볼 수 있다. 과학자들은 동물과 식물의 화석을 이용하여 고대 생태계의 환경을 재구성함으로써, 300만 년 전경에 지구가 전 지구적 냉각 상태에 돌입했음을 알아냈다. 이런 냉각으로 인해 인류의 조상들이 살았던 동아프리카와 중앙아프리카에는 건조 기후가 찾아왔다. 규칙적인 강우의 감소와 함께, 초기 호미니드에게 우호적이었던 숲으로 뒤덮인 환경은 탁 트인 사바나 초지에 길을 내줬고, 우리 선조인 오스트랄로피테쿠스 계통의 주식이었던 음식(과일, 나뭇잎, 덩이줄기, 씨앗 등)은 희귀해졌는데, 드문드문 분포하게 되었을 뿐만 아니라 계절의 영향을 받을 수밖에 없게 되었다. 이런 변화는 영원한 담수의 원천에도 마찬가지로 찾아왔다. 우리 선조는 이처럼 자원이 줄어드는 현실에 직면하자 한가하게 먹이를 찾아다니는 습관을 포기할 수밖에 없었을 것이다. 그 대신 수분을 섭취하고 충분한 칼로리를 얻기 위해서는 규칙적으로 활동하는 삶의 양식을 취할 수밖에 없었을 것이다. 물과 식용 작물을 찾기 위해 더 먼 거리를 돌아다녀야만 했을 것이다.

호미니드가 고기를 먹기 시작한 것은 대략 이 시기인데, 260만여 년 전의 고고학적 기록에 나타난 석기의 출현과 도살된 동물의 뼈들로부터 알 수 있다. 육식은 채식보다 칼로리가 훨씬 높았지만, 눈에 잘 띄지 않았다. 따라서 육식동물이 배를 불리려면 초식동물보다 훨씬 더 넓은 영역을 돌아다녀야 했다. 먹잇감도 간간이 마주치는 사체를 빼고는 모두 움직이는 표적인데, 이는 포식자들이 고기를 얻으려면 엄청난 에너지를 쏟아부어야 함을 뜻한다. 인간 사냥꾼 및 청소부의 경우, 오스트랄로피테쿠스 계통(여전히 나무에서 일정한 시간을 보내고 있었던)의 유인원과 비슷하던 체형이 자연선택을 통해 지속적으로 걷고 뛰기에 유리한 긴 다리 체형으로 변신하게 되었다(이런 현대적 체형은 의심할 바 없이 우리의 조상이 열린 공간에서 노출되었을 때 먹잇감이 되는 일을 피할 수 있도록 해주었다).

한편 이러한 고도의 활동에는 대가가 뒤따랐다. 즉 과열의 위험이 크게 높아진 것이다. 영국 리버풀 존무어 대학교의 피터 휠러는 1980년대부터 시작해서 일련의 논문들을 출판했다. 그 논문들에서 그는 인류 조상이 사바나 지역에서 외부로 노출되었을 때 얼마나 체온이 뜨거운 상태였는지에 대해 모의실험을 진행했다. 휠러의 연구는 내가 동료들과 1994년에 출판했던 연구 결과와 함께, 신체 내부에서 활발한 근육 활동으로 열 발생을 초래하는 걷기와 달리기 양이 늘어난 결과, 호미니드들은 에크린샘 배출 능력을 향상시키는 것은 물론 과열을 피하기 위해 체모를 제거할 필요가 있었음을 보여준다.

이런 변신은 언제 일어났던 것일까? 인간 화석 기록에는 피부가 보존되어 있지 않지만, 연구자들은 우리 선조가 언제부터 현재의 행동 양식을 지니게 되었는지에 대한 기초적인 아이디어를 가지고 있다. 리버먼과 크리스토퍼 러

프(존스홉킨스 대학교)는 별도로 수행한 연구에서, 약 160만 년 전에 이르면 호모 에르가스터라고 불렸던 호모속의 초기 구성원이 본질적으로 현대의 신체 비율로 진화해 있었음을 밝혀냈다. 그런 신체 비율을 지닌 덕분에 오래 걷기와 달리기가 가능해졌을 것이다. 더욱이 발목, 무릎, 엉덩이의 접합부 표면 등의 세부 사항들은 호미니드가 이런 방식으로 스스로 움직이고 있었음을 분명하게 보여준다. 따라서 화석의 증거에 따라, 우리 조상들이 새롭게 맞닥뜨린 고난의 삶에 뒤따른 열 과부하를 극복하고자 발가벗은 피부와 에크린샘 기반의 땀 배출 기관으로의 변이가 일어났는데, 160만 년 전에 이르러서는 꽤 잘 적응되었음이 틀림없어 보인다.

호미니드가 발가벗은 피부로 진화한 시기에 대한 또 다른 단서는 피부색에 대한 유전학 탐구에서 비롯한다. 2004년에 출판된 독창적 연구에서, 앨런 로저스와 그 동료들은 인간 MC1R 유전자의 염기배열을 조사했다. 이는 피부색소의 생성을 책임지는 유전자 가운데 하나이다. 그 팀은 특정한 유전자 변형체가 항상 아프리카인들에게서 발견되는데, 120만 년 이전으로 거슬러 올라가는 그것은 어두운 피부색소를 동반한다고 밝혀냈다. 최초의 인간 조상은 침팬지들과 대동소이한 상태로서 검은색 털로 뒤덮인 분홍색 피부를 지녔던 것으로 보인다. 따라서 검정색 피부의 진화가 진행된 것은 아마도 햇빛 방어용 체모가 손실되면서 그에 따라 추가된 진화적 조치였다고 할 수 있다. 따라서 로저스의 연구는 벌거벗음이 시작된 시기에 대한 가장 근사치 연대를 제시해준다.

피부 깊숙이

언제 그리고 왜 우리가 발가벗게 되었나 하는 문제보다 어떻게 맨살로 진화
하게 되었는지에 대해서는 확실히 덜 알려져 있다. 발가벗음의 진화를 뒷받침
해주는 유전적 증거를 찾는 일은 어려움을 겪어왔다. 많은 유전자들이 우리
피부의 겉보기와 기능에 관여하고 있기 때문이다. 그럼에도 서로 다른 생물
체의 전체 유전체에서* DNA "코드 문자들" 또는
뉴클레오티드의 배열 순서에 대한 대규모 비교를
통해 단서를 얻을 수는 있었다. 인간 유전체와 침
팬지 유전체의 비교를 통해, 침팬지 DNA와 우리

*게놈. 낱낱의 생물체 또는
1개의 세포가 지닌 생명 현상
을 유지하는 데 필요한 유전자
의 총량.

DNA 사이에 존재하는 가장 중요한 차이가 피부의 속성을 통제하는 단백질을
생산해내는 유전자에 놓여 있음을 알 수 있었다. 이런 유전자들의 인간 버전
은 우리 피부를 방수용이자 손상 방지용(보호용 털이 없는 상태에서 특히 중요한
속성)으로 만드는 데 특별한 도움을 주는 단백질을 암호화하고 있다. 이런 사
실은 인간 버전의 유전자 변이들이 생겨나면서 관련 영향을 줄이는 방식으로
발가벗음을 촉진했을 수 있음을 함축한다.

　우리 피부가 장벽으로서 뛰어난 능력을 보이는 이유는 가장 바깥층 구조와
조직인 외피의 각질층 덕분이다. 각질층은 벽돌과 회반죽의 조합으로 묘사될
정도이다. 각질 세포(단백질 케라틴과 다른 성분들을 포함하고 있다)라고 불리는
죽어 있는 평편한 세포들이 층층이 쌓여 있는 것은 벽돌이고, 각질 세포 각각
을 둘러싼 초박막 지질층은 회반죽이라 할 수 있다.

각질층의 진화를 이끌었던 대부분 유전자들은 고대의 산물이고, 그 유전자들의 염기배열은 척추동물들에게 있어서 꽤나 잘 보존되어 있다. 따라서 인간의 각질층을 떠받치는 유전자들이 매우 뚜렷한 현상은 그 존재가 생존에 중요했음을 말해준다. 이런 유전자들은 새로운 형태의 케라틴과 인볼루크린을 포함하여 각질에만 발생하는 고유한 단백질 조합을 생산해낼 수 있도록 암호화되어 있다. 다수의 실험실에서 이런 단백질들의 제조를 통제할 수 있는 정확한 메커니즘을 밝혀내려고 노력하고 있다.

다른 연구자들은 체모에서 케라틴의 진화를 조사하고 있는데, 그 목적은 인간 피부의 표면에 나 있는 체모가 산발적이고 가늘게 된 기제를 밝혀내기 위해서이다. 그 결과 독일 마르부르크에 위치한 필리프 대학교의 롤란트 몰과 그 동료들은 인간 체모에 포함된 케라틴이 지나치게 잘 부서진다는 것을 보여줬다. 다른 동물의 털과 비교했을 때 인간의 체모가 훨씬 쉽게 부서지는 이유가 바로 여기에 있었다. 이런 발견은 2008년에 출판된 몰의 논문에 매우 구체적으로 실려 있는데, 인간의 체모에 포함된 케라틴이 진화의 과정에서 다른 영장류들의 털에 포함된 케라틴보다 생존에 덜 중요해서 약화되었음을 암시한다.

유전학자들이 열렬히 탐구하는 또 다른 질문은 어떻게 해서 인간 피부에는 그렇게 풍부한 에크린샘이 포함될 수 있었는가 하는 점이다. 분명한 사실은 이런 풍부함이 표피 줄기세포(배아에서 분화되지 않은 세포)의 운명을 결정하는 유전자들의 변화에서 비롯했으리라는 점이다. 발달 초기에, 특정 위치에 있는 표피 줄기세포 집단은 그 아래층에 있는 진피의 세포들과 상호작용하고, 이런 생태적 지위 체계에서 유전적으로 추동된 화학 신호들은 그 줄기세포를 모낭이나 에크린샘, 아포크린샘, 피지선, 평평한 표피 등으로 분화할 것을 지시한다. 많은 연구진들은 현재 어떻게 표피 줄기세포의 생태적 지위가 확립되고 유지되는가를 탐구하고 있는데, 이 연구는 무엇이 배아 단계 표피 세포의 운명을 이끄는지, 어떻게 이런 세포들의 다수가 인간의 경우에는 에크린 땀샘이 되는지를 분명하게 밝혀낼 수 있을 것이다.

완전한 나체는 아닌

우리가 발가벗은 유인원이 되기는 했지만, 진화는 우리 몸의 일부를 털이 뒤덮인 상태로 남겨두었다. 따라서 인류가 자신의 털을 잃어버린 이유에 대한 모든 설명은 왜 털이 일부분에는 남아 있는지에 대한 이유도 설명해내야만 한다. 겨드랑이와 성기 부위(서혜부)의 털은 페로몬(다른 개체로부터 행동 반응을 이끌어내는 데 도움을 주는 화학물질)을 전파하고, 움직이는 동안 해당 부위가 불편하지 않도록 도움을 줄 수 있을 것이다. 머리에 있는 털의 경우, 머리 꼭대기에서 발생하는 과잉 열을 막는 데 도움을 주기 위해 보존되었을 가능성이 매우 크다. 역설처럼 들릴 수도 있지만, 머리에 조밀한 머리카락을 보유하면 땀을 배출하는 머리 피부와 머리털의 뜨거운 표면 사이에 공기층 장벽이 생성된다. 따라서 뜨거운 여름날 공기층 장벽이 더 차갑게 남아 있는 동안 머리털이 열을 흡수하여 머리 피부에서 배출되는 땀을 공기층 장벽을 통해 증발

할 수 있도록 해준다. 촘촘한 곱슬머리는 이런 관점에서 최적의 머리 보호막을 제공해준다. 털 표면과 머리 피부 사이의 공간을 최대한 확보해주어 공기가 그 사이를 통과할 수 있기 때문이다. 인간 머리카락의 진화에 대해서는 아직 많은 발견 거리가 남아 있지만, 촘촘한 곱슬머리는 분명 현생인류의 최초 조건으로서 여타 머리 형태들은 인류가 열대 아프리카를 벗어나서 확산되면서 발달했을 가능성이 크다.

체모에 대해 이야기해보자면, 왜 체모가 그렇게 변화무쌍한지 질문할 만하다. 체모라곤 거의 없는 집단도 많고, 일부 집단은 털이 덥수룩한 사람들로 이루어져 있다. 최소한의 체모만을 지닌 사람들은 열대지방에 사는 경우가 많고, 가장 체모가 많은 사람들은 열대지방 외부에 사는 경우가 많다. 그럼에도 이런 비(非)열대지방 사람들에게 난 털은 말할 필요도 없이 온기를 전혀 제공해주지 않는다. 발가벗음에 따른 이런 차이는 분명 테스토스테론에서 어느 정도 기인한다. 모든 집단에서 남성은 여성보다 더 많은 체모를 보유하고 있기 때문이다. 이런 불균형을 설명하고자 했던 다수의 이론들은 성선택의 관점에서 살펴보았다. 예를 들면 한 이론은 여성이 턱수염이 덥수룩하고 체모가 두꺼운 남성을 선호한다고 가정한다. 이런 형질들이 정력과 강인함을 동반하기 때문이다. 다른 이론은 남성이 보다 유년기의 특징을 지닌 여성을 선호하도록 진화해왔다고 주장한다. 물론 흥미로운 가정들이지만, 어떤 이론도 실제로 현대의 인구 집단을 대상으로 실험된 적이 없다. 따라서 말하자면 우리는 털북숭이 남성이 말쑥한 남성보다 더 정력적이거나 애를 잘 만드는지 알지 못한다. 아무런 경험적 증거가 없는 상황에서, 인간 체모가 왜 그런 식으로 변화했는지에 대한 이유는 여전히 추측에 불과할 뿐이다.

발가벗은 야망

탈모는 단순히 목적을 위한 수단이 아니었다. 그것은 인간 진화의 연쇄적 국면에 심대한 영향을 미쳤다. 우리가 체모 대부분을 상실하고 에크린샘을 통해 여분의 체온을 분산시킬 수 있는 능력을 획득한 결과, 우리 신체 중 가장 열에 민감한 기관인 뇌가 획기적으로 커질 수가 있었던 것이다. 오스트랄로피테쿠스 계통은 평균적으로 400세제곱센티미터의 뇌(대략 침팬지 뇌의 크기)를 지니고 있었던 반면, 호모 에르가스터는 두 배에 이르는 크기의 뇌를 지녔다. 100만 년이 지나지 않아 인간의 뇌는 400세제곱센티미터만큼 더 커지면서 현생인류의 뇌 크기에 도달했다. 의심의 여지없이, 다른 요소들도 우리 회백질의 팽창에 영향을 미쳤을 것이다. 예를 들면 엄청난 에너지를 요구하는 조직에 연료를 제공하기 위해서는 열량이 충분한 식생활을 도입해야 했을 것이다. 하지만 우리의 체모를 제거하는 일이 머리를 좋게 만드는 데 있어서 핵심 단계로 작용했음은 분명하다.

우리의 탈모는 사회적 후폭풍을 일으키기도 했다. 모낭 기저에 있는 작은 근육들이 수축하고 이완할 때 우리는 자율적으로 털들을 세웠다 내렸다 할 수는 있지만, 우리 체모는 너무 가늘고 연약해서 개와 고양이 또는 침팬지 사촌이 펼쳐 보이는 쇼에 비하면 전혀 강력하고 인상적인 장면이 못 된다. 또한 우리는 얼룩말의 얼룩, 표범의 점과 같은 것들이 제공해주는 몸에 내장된 광고(또는 변장)의 효과를 누리지 못한다. 실제로 혹자는 사회적 털 빗겨주기와 복잡한 얼굴 표현과 같은 보편적인 인간적 속성들은 털을 통한 우리의 의사소통 능력이 상실된 것을 보상하고자 진화한 결과라고 추론하기도 한다. 마찬가지로 보디 페인트, 화장, 문신, 다양한 형태의 몸 장식 등은 모든 문화에서 다양한 조합으로 발견된다. 그런 것들이 기존에 털에 의해 형식적으로 암호화된 집단의 동질감, 지위, 또 다른 중요한 사회적 정보 등을 실어 나르기 때문이다. 우리는 감정 상태와 의도를 널리 알리기 위해 특정 자세나 몸짓을 취하기도 한다. 무엇보다도 우리는 마음을 구체적으로 표현하기 위해 언어를 사용한다. 이런 방식을 돌아볼 때, 발가벗은 피부는 단지 우리 체온을 낮춰준 것만이 아니었다. 그것이 바로 우리를 인간으로 만들었던 것이다.

2

성공 비결들

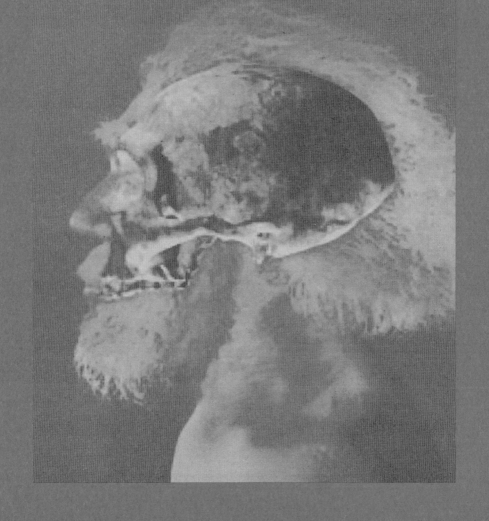

2-1 무엇이 우리를 특별하게 만드는가?

캐서린 폴라드

10년 전쯤, 침팬지(Pan troglodytes)의 유전체에서 DNA 염기 또는 "문자들"의 서열을 파악하는 국제 팀에 참여할 수 있는 기회를 얻었다. 인간의 기원에 대해 오랜 관심을 지닌 생물통계학자로서, 나는 인간의 DNA 염기서열을 현존하는 우리와 가장 가까운 친척들 염기서열과 나란히 줄을 세우고, 상황을 점검하는 데 열심이었다. 비루한 진실이 드러났다. 우리 DNA 청사진은 그들의 청사진과 거의 99퍼센트가 일치했다. 인간 유전체를 이루는 30억 개의 문자들 중 1500만 개(1퍼센트에 못 미친다)만이 인간 계통과 침팬지 계통이 갈라진 이후 600만 년 동안 변화를 겪은 것이다.

진화론에 따르면, 이런 변화들 중 절대 다수가 우리의 생물학에 거의 또는 아무런 영향도 미치지 않았다. 그러나 대략 1500만 개의 염기들 중 어딘가에는 우리를 인간으로 만들었던 차이가 놓여 있다. 나는 그런 염기들을 찾기로 마음먹었다. 그 후 나와 다른 과학자들은 우리를 침팬지와 분리해놓았던 DNA 염기서열의 수를 파악하는 힘겨운 과정을 겪어야 했다.

초기의 놀라움

인간 유전체의 아주 낮은 비율에 해당함에도 불구하고, 수백만 개의 염기들은 여전히 탐구하기에는 광대한 영토이다. 본격적인 탐구를 위해, 나는 인류와 침팬지가 공동 조상으로부터 갈라져 나온 이후 가장 많이 변한 DNA의 조각들을 찾으려고 인간 유전체를 스캔할 수 있는 컴퓨터 프로그램을 제작했다. 무작위로 일어나는 대부분의 유전자 돌연변이는 생물체에게 혜택도 피해도 주지 않기 때문에, 현존하는 두 종이 공동 조상에게서 갈라져 나온 이후 흘러간 시간의 양을 반영하여 일정한 비율로 차곡차곡 쌓인다(이런 변화 비율은 종종 "분자시계의 똑딱거림"으로 언급되곤 한다). 대조적으로 유전체 일부에서 그런 변화 비율의 가속화는 긍정적 선택의 보증서이다. 이런 선택에서 생물의 생존과 재생산을 돕는 돌연변이는 미래 세대로 전달될 가능성이 더욱 커진다. 달리 말해 침팬지와 인간이 분리된 이후 가장 큰 변형을 경험한 유전암호의 부분들이야말로 인류를 형성했을 가능성이 가장 큰 염기서열이다.

2004년 11월, 캘리포니아 대학교(산타크루스 캠퍼스)에 있는 거대한 컴퓨터 클러스터에서* 내 프로그램의 오류를 잡고 최적화하는 데 몇 달을 보낸 후에, 마침내 나는 빠른 속도로 진화한 염기서열들의 순서가 기록된 목록

*여러 대의 컴퓨터들이 연결되어 하나의 시스템처럼 동작하는 컴퓨터들의 집합을 말한다.

이 담긴 파일을 얻어낼 수 있었다. 내 어깨에 몸을 기댄 나의 스승 데이비드 하우슬러와 함께, 나는 1위를 주시했다. 1위는 118개의 염기서열로 이루어져 있었는데, 인간촉진구간1(HAR1)로 알려져 있다. 캘리포니아 대학교 산타크루스 캠퍼스의 유전체 브라우저(공공 데이터베이스에서 가져온 정보를 가지고 인간 유전체에 주석을 달아주는 시각화 도구)를 사용하여, 나는 더욱 자세히 HAR1을 들여다보았다. 그 브라우저는 인간과 침팬지, 생쥐, 쥐, 닭(그 당시까지 유전체가

해독되어 있었던 모든 척추동물 종들)의 HAR1 염기서열을 보여주었다. 브라우저는 또한 이전에 거대 규모로 이루어진 선별 실험에서 두 개의 인간 뇌 샘플에서 HAR1 활동이 탐지되었음을 알려주었다. 그렇지만 어떤 과학자도 그 염기서열에 이름을 붙이거나 그것을 대상으로 연구하지 않았다. HAR1이 뇌에서 활성화되는, 잘 알려져 있지 않은 유전자의 일부일 수 있다는 것을 알게 되었을 때 우리는 동시에 외쳤다. "이럴 수가!"

우리는 잭팟을 터뜨렸던 것이다. 인간의 뇌는 크기, 조직, 복잡성 등의 측면에서 그 어떤 형질보다도 침팬지의 뇌와 상당히 다른 것으로 알려져 있다. 그럼에도 인간의 뇌를 특별하게 만들었던 특성들을 뒷받침하는 발생학적·진화론적 메커니즘은 거의 알려지지 않았다. HAR1은 인간 생물학의 가장 신비한 측면을 밝혀줄 수 있는 잠재력을 지니고 있다.

우리는 그 당시 염기서열이 알려진 12개의 포유류를 포함하여 다양한 종들의 유전체에서 이 부분에 해당하는 것과 비교함으로써 HAR1의 진화의 역사에 대해 최선을 다해 알아내려고 노력하면서 그다음 해를 보냈다. 인간의 등장 전까지 HAR1은 매우 느리게 진화해왔다. 닭과 침팬지(이들의 계통은 3억 년 전에 분기하였다)에서는 118개의 염기들 중에서 2개만이 서로 달랐다. 이것은 계통 분리가 보다 최근에 일어났던 인간과 침팬지 사이에서 18개가 다르다는 사실과 비교되는 점이다. HAR1이 수억 년에 걸쳐 본질적으로 동결되어 있었다는 사실은 그것이 뭔가 대단히 중요한 일을 하고 있음을 말해준다고 볼 수 있다. 인간에게서 급격한 변이가 일어난 것은 그 기능이 우리 계통에서 상당히 변경되었음을 시사한다.

뇌에서 HAR1의 기능에 대한 핵심적 단서는 2005년에 포착되었다. 내 공동연구원인 브뤼셀 자유대학교의 피에르 반더르해겐이 산타크루스를 방문한 동안 우리 실험실에서 HAR1 복사본이 든 병을 구한 후였다. 그는 이 DNA 염기서열을 형광 분자 태그를 설계하는 데 이용했다. 그 분자 태그는 살아 있는 세포에서 HAR1이 활성화될 때, 즉 DNA에서 RNA로 복사될 때 빛을 밝히게 될 것이다. 일반적 유전자들이 세포에서 스위치를 켤 때, 그 세포는 먼저 유동성의 메신저 RNA의 복사본을 만든 다음, 그 RNA를 필요한 단백질을 합성하기 위한 거푸집으로 사용한다. 표식을 통해 HAR1이 뉴런(신경 세포체) 형태로 활성화된다는 사실이 드러났다. 뉴런 형태는 발생하는 대뇌 피질(주름진 최외각에 위치한 뇌의 층)의 패턴과 배열에서 핵심적 역할을 수행한다. 이런 뉴런들에서 뭔가 문제가 생기면, 뇌회결손("뇌 고랑이 없는 완만한 뇌")으로 알려진 심각하고, 종종 치명적인, 선천적 장애를 초래할 수 있다. 이런 장애에서 피질은 특징적인 접힘이 없이 놀랄 만큼 줄어든 표면적을 보여준다. 이와 동일한 뉴런에서의 오작동은 또한 성인기의 정신분열증 발병과 연결되어 있다.

HAR1은 따라서 건강한 피질의 형성에 도움을 주기 위해서 정확한 시간과 장소에서 활성화된다(다른 증거는 그것이 정자 생산에서도 추가적인 역할을 맡고 있음을 시사한다). 그러나 이런 조각의 유전암호가 피질 발생에 정확히 어떻게 영향을 미치는가는 나와 내 동료들이 여전히 해결을 위해 노력하고 있는 수수께끼로 남아 있다. 우리는 열심히 해답을 찾고 있다. 즉 최근에 폭발적으로 일어난 HAR1의 교체는 우리 뇌를 크게 변화시켰을 수 있다.

획기적인 진화의 역사를 보유하고 있다는 점을 넘어서서 단백질을 암호화하지 않았다는 점에서 HAR1은 특별하다. 수십 년 동안, 분자생물학 연구는 세포의 기본 구성 요소인 단백질의 유전암호를 지닌 유전자에 거의 절대적으로 초점을 맞춰왔다. 그러나 과학자들은 우리 염색체의 염기서열을 찾으려는 인간유전체사업을 통해 단백질의 유전암호를 지닌 유전자가 우리 DNA에서 차지하는 비율이 1.5퍼센트에 불과하다는 것을 알게 되었다. 나머지 98.5퍼센트(정크 DNA로 알려져 있다)에는 다른 유전자를 켜고 끄는 통제 구간과 단백질로 바뀌지 않은 RNA를 암호화한 구간을 포함하고 있다. 또한 과학자들이 아직 정확하게 알지 못하는, 목적을 지닌 많은 DNA를 포함하고 있다.

HAR1 염기서열에 나타나 있는 패턴들에 기초하여, 우리는 HAR1이 RNA의 유전암호를 지니고 있다고 예측했다. 2006년, 소피 살라마, 홀러 이겔, 마누엘 아레스(모두 캘리포니아 대학교 산타크루스 캠퍼스 소속)가 실험실 실험을 통해 이런 예감을 사실로 입증해냈다. 실제로 인간 HAR1이 중첩되는 두 개의 유전자에 존재한다는 사실이 밝혀졌다. 공유된 HAR1 염기서열은 완전히 새로운 유형의 RNA 구조를 탄생시키는데, 이것은 이미 알려진 6가지 유형의 RNA 유전자에 하나를 더한 것이다. 이런 6가지 주요 그룹들은 서로 다른 계통의 1,000개 이상의 RNA 유전자를 포괄하는데, 그 각각은 세포에서 유전암호화된 RNA의 구조와 기능에 의해 구분된다. HAR1은 긍정적 선택을 해온 것으로 보이는 최초로 보고된 RNA의 유전암호를 지닌 염기서열의 사례이다.

이 놀라운 인간 유전체 118개의 염기들에 이전까지 아무도 관심을 기울이지 않았다는 사실이 놀라울 수 있다. 그러나 전체 유전체를 손쉽게 비교할 수 있는 기술이 없었던 관계로, 연구자들은 HAR1이 다른 정크 DNA 조각보다 더 나은 부분이라는 사실을 알 수 있는 길이 없었다.

언어 단서들

다른 종들 사이 전체 유전체의 비교는 인류의 유전체와 침팬지 유전체가 거의 대부분이 같음에도 불구하고 왜 그렇게 큰 차이를 가져오는지에 대한 또 다른 중요한 통찰력을 제공해줄 수 있다. 지난 10년 동안 수천 종(그 대부분은 미생물)의 유전체 염기서열이 분석되었다. 전체적으로 볼 때 변화의 많고 적음보다 유전체에서 DNA 교체가 발생한 위치가 상당히 중요할 수 있음이 밝혀졌다. 달리 말해 새로운 종을 만들기 위해서 유전체의 변화가 클 필요는 없다는 것이다. 침팬지와 인류의 공동 조상으로부터 인간으로 진화해온 길이 분자 시계의 재깍거림이 전반적으로 빨라지는 과정일 필요는 없다. 오히려 비밀은 급속한 변화로 생물체의 기능 작용이 크게 달라지는 그런 변화가 발생하는 구간에 존재한다.

HAR1은 확실히 그런 위치다. FOXP2도 마찬가지인데, 말하는 데 관여하는 것으로 알려져 있으며, 내가 파악하기론 빠르게 변하는 또 다른 염기서열을 포함하고 있다. 말하는 데 있어서 그것의 역할은 옥스퍼드 대학교에 있는 연구자들이 발견한 바 있다. 2001년 그들은 FOXP2에 돌연변이가 발생한 사람들은 언어를 전개할 수 있는 인식 능력이 있음에도 불구하고, 보통 대화에 필요한 어떤 섬세하고 빠른 속도의 안면 움직임이 가능하지 않다는 점을 알아냈다. 전형적인 인간 염기서열은 침팬지의 그것과는 큰 차이를 보인다. 즉 염기 2개가 달라짐으로써 단백질 생산에 변화가 생기고, 그런 단백질 교체가 연속해서 인간의 몸에서 어떻게, 언제, 어디에서 이용되는지에 영향을 미칠 수 있다.

한 가지 발견 덕에 호미닌에 나타났던 발화 가능한 FOXP2의 버전에 초점을 맞출 수 있었다. 2007년 라이프치히에 있는 막스플랑크 진화인류학 연구소 과학자들은 네안데르탈인 화석에서 추출된 FOXP2의 염기서열을 분석해냈고, 이 멸종 인류가 그 유전자에 있어서는 현생인류 버전을 지녔음이 밝혀졌다. 아마도 그들은 우리가 하듯 발음할 수 있었을 것이다. 네안데르탈인과 현생인류의 계통이 분리된 시기는 현재의 추정치에 따르면 최소한 50만 년 전이었다. 그렇지만 인간의 언어와 다른 종의 음성 소통 사이 현격한 차이는 물리적 수단이 아니라 인식적 능력에서 주로 오는데, 이 능력은 뇌 크기와 종종 상관관계를 보인다. 영장류의 뇌는 일반적으로 몸 크기에 비례해서 예상되는 것보다 더 크다. 그러나 인간 뇌의 용량은 침팬지와 인류의 공동 조상 이래로 3배 이상 커졌는데, 이것이 바로 유전학 연구자들이 이제 막 풀기 시작한 성장 촉발 현상이다.

인간 및 다른 동물의 뇌 크기와 연결된 유전자의 사례들 중 가장 잘 연구된 것으로는 ASPM을 들 수 있다. 소두증(뇌 크기가 70퍼센트까지 줄어든다)을 앓는 인간에 대한 연구는 뇌 크기를 조절하는 ASPM과 또 다른 유전자(CDK5RAP2)의 역할을 밝혀냈다. 보다 최근에 시카고 대학교와 미시간 대학교, 케임브리지 대학교의 연구자들은 ASPM이 영장류의 진화의 과정에서 긍정적 선택을 보여주는 패턴으로서, 여러 번에 걸쳐 돌발적 변화를 겪었음을 알아냈다. 최소한 이런 돌발적 변화 중 하나는 인류가 침팬지 계통에서 분리된 이후 인간 계통에서 발생했고, 따라서 우리 큰 뇌로의 진화에 기여했을 수 있다.

유전체의 다른 구간들은 인간 뇌의 변신에 덜 직접적으로 영향을 미쳤을 것이다. HAR1을 식별해낸 컴퓨터 스캔에서는 201개의 다른 인간촉진구간도 함께 발견되었는데, 그 구간들 대부분은 단백질 또는 심지어 RNA의 유전 암호를 포함하고 있지 않았다(영국 케임브리지에 있는 웰컴트러스트생거 연구소에서 이루어진 관련 연구에서는 다수의 동일한 HARs가 탐지된 바 있다). 그들은 인근의 유전자들에게 켜질 때와 꺼질 때를 말해주는 통제 염기서열인 것처럼 보인다. 놀랍게도 HARs 인근에 자리한 유전자들의 절반 이상이 뇌 발생 및 기능과 관련되어 있다. 그리고 FOXP2의 경우에도 그랬듯, 이런 유전자들의 다수의 생성물들은 다른 유전자들을 계속해서 통제한다. 따라서 HARs는 비율상으로 유전체 전체에서 극히 적은 일부에 불과할 뿐이지만, 이런 구간에서의 변화는 유전자 전체 네트워크의 활동성에 영향을 미침으로서 인간 뇌에 중대한 변화를 가져올 수 있는 것이다.

뇌를 넘어서

많은 유전 연구가 우리 정교한 뇌의 진화를 명료하게 밝히는 데 초점을 주로 맞춰온 것은 사실이지만, 동시에 탐구자들은 인간 신체상의 독특한 특징들이 어떻게 출현했는지에 대해서도 보충 연구를 해왔다. 유전자통제구간이자 2위인 인간촉진구간 HAR2가 그 적절한 예이다. 2008년 로렌스버클리 국립실험실의 연구자들은 HAR2(HACNS1으로 알려져 있기도 하다)의 인간 버전이 비인간 영장류 버전과 비교하여 특정 염기들에서 차이를 보이는데, 그런 차이로 해당 염기를 품고 있는 DNA 상의 염기서열이 태아 발생 기간에 손목과 엄지손가락에 있는 유전자의 활동성을 깨울 수 있음을 보여주었다. 다른 영장류 조상에 있는 버전은 그게 불가능하다. 이 발견은 호기심을 크게 불러일으키는데, 복잡한 도구를 제작하고 사용하는 데 필요한 뛰어난 솜씨를 가능토록 해주는 인간 손의 형태적 변화를 뒷받침해줄 수 있기 때문이다.

형태적 변화를 겪는 것을 제쳐두고도, 우리 조상은 변화된 환경에 적응하고 새로운 환경으로 이주하는 데 도움을 받았던 행위적 차원 및 생리적 차원의 변화를 겪고 있었다. 예를 들면 100만 년 이전에 이루어진 불의 정복과 1만여 년 전에 있었던 농업 혁명은 녹말이 많이 포함된 음식들을 보다 쉽게 확보할 수 있는 길을 열어주었다. 그러나 이렇게 칼로리가 풍부한 먹을거리를 개척하기 위해서는 문화적 변동만으로는 충분치 않았다. 그런 먹을거리에 유전적으로도 적응을 해야만 했다.

침을 분비하는 아밀라아제(녹말을 소화하는 데 관여하는 효소)의 유전암호를 품고 있는 유전자 AMY1의 변화는 이런 종류의 적응으로 잘 알려진 편에 속한다. 포유류의 유전체에는 이런 유전자의 복사본 다수가 포함되어 있다. 물론 복사본의 수는 종에 따라서 심지어 인간 개인들 사이에서도 차이가 있다. 그러나 전체적으로 다른 영장류와 비교했을 때, 인류는 특별히 많은 수의 AMY1 복사본을 보유하고 있다. 2007년 애리조나 주립대학교의 유전학자들은 더 많은 수의 AMY1 복사본을 보유한 개인의 침에는 더 많은 아밀라아제가 포함되어 있음을 알아냈다. 그들은 더 많은 녹말을 소화할 수 있었다. 따라서 AMY1의 진화는 그 유전자 복사본의 수와 DNA 염기서열에서의 특정한 변화 모두와 관련된 것처럼 보인다.

음식 적응의 또 다른 유명한 예는 락타아제(포유류에게 젖당으로도 알려져 있는 탄수화물 락토오스를 소화할 수 있게 해주는 효소)를 위한 유전자(LCT)와 관련된 것이다. 대부분 종에서 락토오스를 소화할 수 있는 건 오직 젖을 먹는 아이의 경우에 불과하다. 그러나 약 9,000년 전(진화적 시간으로 보면 아주 최근) 인간 유전체에서 변화가 일어나서 성인도 락토오스를 소화할 수 있게 해주는 LCT 버전이 형성되었다. 변형된 LCT는 유럽과 아프리카 집단에서 독자적으로 진화해서 보유자들이 가축으로부터 얻은 우유를 소화할 수 있게 해주었다. 이런 고대 목동의 후예인 현대 성인은 아시아와 라틴아메리카를 포함한 세계 다른 지역 출신 성인(이들 중 다수는 그런 유전자의 고대 영장류 버전을 보유하여 락토오스 내성을 갖추지 못했다)보다 식사에 포함된 락토오스에 훨씬 더 강한 내성을 지니고 있다.

LCT는 현재 인류에게서 진화중인 것으로 알려진 유일한 유전자가 아니다. 침팬지 유전체 사업을 통해, 우리 유인원 조상에게는 완전히 표준이었던 버전으로부터 점점 멀어지는 방향으로 옮겨가고 있는 15개 유전자를 식별해낼 수 있었다. 이런 유전자들은 다른 포유류에게서는 오래된 형태임에도 잘 작동하고 있는 데 반해, 현생인류에게는 알츠하이머 및 암과 같은 질병들과 주로 연루되어 있다. 여러 이러한 장애들은 인간에게만 고통을 안겨주거나 그 발생 비율이 다른 영장류에서보다 인류에게서 더 높다. 과학자들은 이런 유전자들의 고대 버전이 우리에게 잘못 적응된 이유를 찾기 위한 시도 속에서 그와 관련된 유전자들의 기능을 조사하고 있다. 이런 연구는 이처럼 생명을 위협하는 질병에 걸릴 확률이 높은 환자들을 식별해냄으로써 의료진에게 도움을 줄 수 있을 것이다. 환자들이 질병을 피하는 데 도움을 줄 수 있다는 희망과 더불어, 새로운 치료법을 개발하는 데도 도움을 줄 것이다.

좋은 것과 함께 온 나쁜 것

연구자들이 긍정적 선택의 증거를 찾기 위해 인간 유전자를 시험할 때, 일차 후보는 면역성일 가능성이 높다. 진화가 이루어지는 동안 이런 유전자들이 그렇게 많은 수선의 과정을 거쳤다는 것은 굳이 놀랄 일이 아니다. 항생제와 백신이 없는 가운데, 개체들이 자신의 유전자를 물려주는 데 가장 큰 장애물은 아마도 가임기가 되기 전 찾아와 생명을 위협하는 전염병일 가능성이 가장 크다. 병원체가 우리의 방어에 지속적으로 적응한 결과 면역 체계의 진화는

더욱 가속화하고, 결국 미생물과 숙주 사이의 진화적 무한 군비 경쟁이 벌어
진다.

이런 투쟁의 기록이 우리 DNA 속에 남아 있다. 인간면역결핍바이러스
(HIV)와 같은 레트로바이러스(자신의 유전물질을 우리의 유전체에 삽입함으로써 생
존과 확산이라는 목표를 달성한다)의 경우엔 특히 더 그렇다. 인간 DNA에는 이
런 짧은 레트로바이러스 유전체의 복사본들이 여기저기 끼여 있는데, 레트로
바이러스 대부분은 수백만 년 전에 병을 일으켰지만 더 이상 전파되지 않는
바이러스에게서 온 것이다. 시간이 흐른 후, 레트로바이러스의 염기서열은 다
른 모든 염기서열들과 마찬가지로 돌연변이를 반복한 결과 유사하지만 동일
하지는 않은 복사본들을 지니게 된다. 연구자들은 이런 복사본들의 발산 정
도를 검사하는 방식으로 최초의 레트로바이러스 감염 연대를 측정할 수 있는
분자시계 기법을 이용할 수 있다. 이런 고대 감염의 생채기는 숙주 면역 체계
유전자들에게서도 확인할 수 있다. 유전자들은 지속적으로 진화하는 레트로
바이러스에 맞서 싸우기 위해 꾸준히 적응하고 있기 때문이다.

PtERV1은 그런 유물 바이러스에 속한다. 현생인류에게, TRIM5α라고 불리
는 단백질은 PtERV1 및 관련 레트로바이러스들의 복제를 막는다. 유전 증거
에 따르면 PtERV1 전염병은 400만여 년 전 아프리카에 살았던 고대 침팬지,
고릴라, 인류 등을 괴롭혔다. 2007년 시애틀에 있는 프레드허친슨 암연구센
터의 연구자들은 서로 다른 영장류들이 PtERV1에 대응했던 방법을 연구하고
자 했다. 그들은 침팬지 유전체에서 임의적 돌연변이를 겪은 다수의 PtERV1

의 복사본을 사용하는 방식으로 최초 PtERV1 염기서열을 재구성하여 고대의 레트로바이러스를 재창조하고자 했다. 그런 다음 인간과 대형 유인원 버전의 TRIM5α 유전자가 부활된 PtERV1 바이러스의 활동성을 어느 정도 제한해 낼 수 있는지를 보기 위한 실험을 실시했다. 결론은 인간 버전의 TRIM5α에서 단일한 변화가 일어날 가능성이 가장 큰데, 그런 변화 덕분에 우리 조상들은 PtERV1 감염에 우리 영장류 사촌들보다 더 효과적으로 맞서 싸울 수 있었다는 것이다.

한 형태의 레트로바이러스를 물리쳤다고 해서 다른 것들에 대해서도 계속적인 성공이 보장되는 것은 아니다. 인간 TRIM5α의 변화 덕분에 PtERV1 감염으로부터의 생존 확률이 더 높아진 것은 사실이지만, 동시에 그런 변화가 HIV에 맞서 싸우는 것을 더 어렵게 만든 측면이 있다. 이 발견으로 연구자들은 HIV 감염이 비인간 영장류에서는 크게 문제가 되지 않는 데 반해 인간에게는 후천성면역결핍증(AIDS)으로 이어지는지는 이유를 이해할 수 있는 단서를 얻었다. 분명한 것은 진화란 일보 전진, 이보 후퇴도 가능하다는 점이다. 이따금씩 과학 연구도 마찬가지 길을 밟는다. 우리는 고유한 인간 형질의 유전적 기초를 설명해줄 수 있는 흥미로운 많은 후보들을 파악해왔다. 그렇지만 대부분의 경우 우리는 이런 유전체 염기서열의 기능에 대해 기초적 사실만을 알고 있을 뿐이다. 단백질의 유전암호를 지니지 않은 HAR1과 HAR2와 같은 구간들에서 우리 지식의 공백은 특히 심하다.

빠르게 진화하는 이런 염기서열들은 앞으로 나아갈 길을 가리켜준다. 무엇이 우리를 인간답게 만들어주었는지에 대한 이야기는 우리 단백질 구성 요소 자체의 변화가 아니라, 언제 어디서 몸속의 서로 다른 유전자들을 켜고 끌지를 통제함으로써 진화가 단백질 구성 요소를 어떻게 새로운 방식으로 구축하고 있는가에 주로 초점이 맞춰진 것 같다. 전 세계 수천 개 실험실에서 현재 진행 중인 실험 연구와 컴퓨터 기반 연구는 단백질의 유전암호를 지니지 않은 우리 유전체의 98.5퍼센트에서 실제로 어떤 일이 벌어지고 있는가를 상세하게 밝혀줄 수 있을 것이다. 날이 갈수록 그 구간은 점점 더 정크(쓰레기)와는 거리가 멀어 보인다.

유전체 스캐닝하기

우리 유전체에서 우리를 인간으로 만드는 구간을 찾기 위해, 저자는 인류와 침팬지가 최후의 공동 조상으로부터 분기된 이후 가장 큰 변화를 겪었던 DNA 염기서열을 찾아주는 컴퓨터 프로그램을 개발했다. 목록의 최상위를 차지한 것은 인간촉진구간1(HAR1)로 알려진 118개의 염기로 이루어진 코드 조각이다. 대부분의 척추동물 진화 과정에서는 이 구간에서 별다른 변화가 일어나지 않았다. 침팬지와 닭의 염기서열에서 차이가 난 것은 단지 2개의 염기뿐이다. 반면에, 인간과 침팬지의 HAR1에서는 그 차이가 18개로 크게 늘었는데, 이것은 HAR1이 인간에게서 중요한 새로운 기능을 부여받았음을 시사한다.

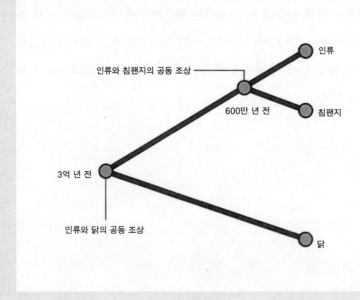

T G A A A **C** G G A G G A G A **C G** T T A C
A G C A A **C G** T **G** T C A **G** C T G A A A T
G A T **G G G C** G T A G A C **G** C A C **G** T C
A G C **G G C** G G A A A T **G G** T T T C T A
T C A A A A T **G** A A A G T **G** T T T A G A
G A T T T C C T C A A **G** T T T C A

■ 침팬지의 염기서열과 비교했을 때 인류 염기서열에서의 변화

T G A A A T G G A G G A G A A A T T A C
A G C A A T T T A T C A A C T G A A A T
T A T A G G T G T A G A C A C A T G T C
A G C A G T **G** G A A A **T** A G T T T C T A
T C A A A A T T A A A G T A T T T A G A
G A T T T C C T C A A A T T T C A

■ 닭의 염기서열과 비교했을 때 침팬지 염기서열에서의 변화

T G A A A T G G A G G A G A A A T T A C
A G C A A T T T A T C A A C T G A A A T
T A T A G G T G T A G A C A C A T G T C
A G C A G T G G A A A T A G T T T C T A
T C A A A A T T A A A G T A T T T A G A
G A T T T C C T C A A A T T T C A

2-2 커진 뇌를 요리하기

레이철 묄러 고먼

리처드 랭엄은 침팬지의 먹을거리를 맛본 적이 있는데, 별로였다. "주로 먹는 과일이 꽤 불쾌했어요." 하버드 대학교의 생물인류학자가 침팬지의 식사에 널리 애용되는 단단하고 이상하게 생긴 과일들에 대해 말한다. 그중 일부는 체리처럼 생겼고, 칵테일소시지처럼 생긴 것도 있다. "섬유질이 많고, 꽤나 신맛이 납니다. 단맛은 전혀 없어요. 위에 고통이 찾아올 수 있습니다." 25년 동안 지속한 자신의 야생 침팬지 연구 프로젝트의 일환으로 서부 우간다에서 먹을거리 몇 개를 맛본 후, 랭엄은 어떤 인간도 이런 식사로는 오래 생존할 수 없다는 결론을 내렸다. 맛이 입에 맞지 않는 것은 차치하고, 우리의 약한 턱, 작은 이, 작은 내장으로는 과일을 깨물고 소화해서 큰 몸을 지탱하기에 충분한 칼로리를 얻을 수 없다는 것이다.

그 후 1997년 차가운 가을 저녁에, 매사추세츠 주의 케임브리지 시에 있는 집에서 그는 벽난로를 응시하면서 완전히 다른 질문인 "무엇이 인간 진화를 자극했을까?"에 빠져들었고, 그 침팬지의 먹을거리를 떠올렸다. "나는 요리가 얼마나 말도 안 되는 커다란 차이를 낳았는지 깨달았어요." 랭엄이 말한다. 요리는 침팬지들도 먹는 덩이줄기 및 거친 날고기와 함께 섬유질 많은 과일을 훨씬 더 쉽게 소화할 수 있도록 해주었다고, 그는 생각했다. 이 혁신은 오랜 시간에 걸쳐서 침팬지와 같았던 우리 조상의 내장 크기를 줄여줄 수 있었을 것이다. 거대한 내장을 뒷받침하는 데 필요한 에너지는 더 커진 뇌와 더 커진 몸집을 가진 인간과 유사한 선조의 진화를 촉진하는 방향으로 전용될 수 있었을 것이다.

자신의 이론을 제시한 후 15년 동안, 랭엄은 이론을 뒷받침할 수 있는 상당한 증거를 모아왔고, 그 성과를 모아 2009년에는 《요리 본능 : 불, 요리, 그리고 진화(Catching Fire : How Cooking Made Us Human)》를 출판하기에 이르렀다. 그렇지만 일부 고고학자와 인류학자들은 그가 진부한 잘못을 저질렀다고 비판한다. 랭엄은 침팬지 연구자이지 인간 진화의 전문가는 아니라고, 비판자들은 지적한다. 그들은 말하길, 랭엄의 이론에 요구되는 그 시기 동안 통제된 불의 사용 증거를 가장 중요한 고고학 자료들이 뒷받침하고 있지 않다.

1970년에 제인 구달의 학생으로 처음 침팬지들을 만났던 랭엄은 생태학적 압력(특히 식량의 분포)이 침팬지 사회에 영향을 미치는 방식을 조사하는 것으로 자신의 경력을 시작했다. 그는 침팬지의 폭력에 대한 연구를 수행한 것으로도 유명했는데, 이 연구를 바탕으로 1996년에 《악마 같은 남성(Demonic Males)》을 출판했다. 그러나 15년 전 그 불을 응시한 이후, 그는 인류가 어떻게 진화했는지에 대한 고민에 빠져들었다. "나는 침팬지라는 렌즈를 통해 인간 진화에 대해 생각하는 경향이 있어요." 그가 말한다. "침팬지와 유사한 조상이 인간으로 바뀌기 위해서는 무엇이 필요했을까?" 그는 추론한다. 음식을 요리할 수 있는 불이 더 커진 몸통과 뇌를 가져다주었을 것이다.

그것이 바로 190만 년 전부터 160만 년 전 사이에 최초로 모습을 드러낸 우리의 조상 호모 에렉투스에서 그가 찾아낸 바였다. 호모 에렉투스의 뇌는 그 선조인 호모 하빌리스보다 50퍼센트 더 컸고, 치아의 크기는 인간 진화에서 가장 큰 감소를 경험했다. "요리에 동반된 신체의 변화라는 주장을 지지해주리라는 기대를 충족할 수 있는 또 다른 시간대는 없어요." 랭엄이 말한다.

그의 생각의 근본적 문제점은 그렇게 오래전에 모든 인간이 불을 통제할 수 있었다는 증거가 희박하다는 것이다. 2011년에 이루어진 유럽 답사 현장에 대한 조사를 통해서, 초기 호미닌이 40만~30만 년 전보다 앞선 시기에는 불을 통제했다는 증거를 발견할 수 없었다. 요리에 대한 일관된 징후는 훨씬 뒤로서 네안데르탈인들이 빙하기를 극복하던 때에 나타났다. "그들은 땅 오븐 조리법을 개발했어요." 로링 브레이스가 말한다. 그는 미시간 대학교의 인류학 명예교수이다. "그 시기는 20만 년 전으로 거슬러 올라갈 뿐이죠." 그와 다른 학자들은 요리가 아니라 에너지가 풍부하고 더 부드러운 축산물의 도입이 호모 에렉투스의 더 커진 뇌와 작아진 치아를 가져온 것으로 추론한다.

랭엄은 더 많은 연구를 수행했다. 그는 전 세계에 퍼져 있는 현대판 수렵채집인 집단을 조사해서 현재 어떤 집단도 음식을 온전히 날 것으로 먹는 경우는 없다는 사실을 알아냈다. 인간들은 요리된 음식을 먹는 데 꽤나 잘 적응한 상태로 보인다. 즉 그들은 질 높은 칼로리를 많이 필요로 한다(뇌 조직은 골격근보다 22배나 많은 에너지를 필요로 한다). 랭엄과 그의 동료들은 호모 에렉투스(호모 사피엔스 크기에 가까웠다)가 생존에 필요한 충분한 칼로리를 얻기 위해서는 날마다 대략 12파운드(5.4킬로그램)의 야생 식물, 또는 6파운드의 야생 식물에 더하여 날고기를 먹어야 했을 것으로 계산해냈다.

현대 여성에 대한 연구를 보면 생식 채식을 하는 여성은 종종 에너지 부족으로 생리 주기를 건너뛴다. 고열량 날고기를 추가한다고 해도 크게 나아지지는 않을 것이다. 랭엄은 침팬지의 씹는 속도가 시간당 400음식칼로리를 공급한다는 자료를 발견했는데, 이에 따르면 호모 에렉투스가 일일 에너지 필요량을 충족하기 위해서는 매일 5.7~6.2시간 동안 날고기를 씹어야 했다. 식량을 채집하지 않는 시간에는 말 그대로 음식을 씹거나 소화하고 있어야만 했을 것이다.

2011년 랭엄과 대학원생 레이철 카모디 그리고 동료들은 요리가 실제로 에너지를 절약해준다는 것을 입증하고자 실험용 생쥐에게 요리한 고기와 짓이긴 고기(또 다른 가공 방식)를 제공했다. 그들은 생쥐가 요리된 고기로부터 엄청나게 증가된 에너지를 얻을 수 있었다는 사실을 알아냈다. 칼로리 유입은 똑같았지만 요리된 고기를 먹은 생쥐는 날고기를 먹은 생쥐보다 몸무게가 유의미할 정도로 크게 늘어났다. 요리된 고기는 더 많은 에너지를 제공했는데, 아마도 열이 단백질을 변성시키면서 소화를 더욱 쉽게 만들었기 때문인 듯하다.

랭엄의 이론은 불의 통제라는 골치 아픈 문제만 아니라면 아주 잘 들어맞을 것이다. 랭엄은 다소 전도유망한 자료들을 주목한다. 보스턴 대학교의 고고학자 프란체스코 버너는 최근에 남아프리카의 본더베르크(Wonderwerk) 동굴 내부에서 100만 년 이전에 불을 통제했다는 확실한 증거를 찾아냈다.

케냐의 쿠비포라(Koobi Fora)에서, 미주리 콜롬비아 대학교의 인류학자 랄프 로렛은 150만 년 전에 그을린 땅의 증거를 발견했다. 특이한 점은 불에 탄 나무의 형태들이 뒤섞여 있고, 땅까지 불태운 흔적은 보이지 않았다는 것이다. 번개에 맞은 나무줄기들은 오직 하나의 나무 형태와 불탄 뿌리를 보여줄 뿐이다.

그럼에도 여전히, 대부분의 호모 에렉투스 답사지에서 불을 통제했다는 증거가 일반적이라는 확증을 받을 수 없는 상황에서, 많은 연구자들은 랭엄의 이론에 회의적 태도를 보일 수밖에 없을 것이다. 더욱이 불꽃 없이도 몸과 뇌의 팽창을 설명할 수 있는 여타 먹을거리 기반 이론들도 있다. 하나는 값비싼 조직 가설로서, 1995년 유니버시티칼리지런던(UCL)의 생물인류학 명예교수인 레슬리 아이엘로와 리버풀 존무어 대학교의 생리학자 피터 휠러가 제안한 것이다. 이 가설의 핵심 아이디어, 즉 영장류에서 작아진 내장이 커진 뇌와 상관관계를 지닌다는 생각은 랭엄의 이론과 잘 들어맞지만, 아이엘로와 휠러는 인간의 이런 특성들이 발전한 이유가 부드러운 골수나 뇌 물질처럼 동물에게서 나온 고열량 음식 덕분이라고 주장했다.

호모 에렉투스가 광범위하게 불을 사용했다는 사실이 증명되지 않은 상태에서, 랭엄은 DNA 자료가 언젠가는 자신의 주장을 뒷받침할 것이라는 희망을 품고 있다. "인간이 마이야르 반응* 산물에 대한 향상된 방어력을 언제 진화시켰는지 연구하듯이, 특정한 형질이 언제 발생했는가를 살펴보기

*음식을 익혀먹을 때 발생하는 반응의 일종으로, 고기를 불에 구우면 갈색으로 변하는 현상은 바로 이 반응 때문이다.

위해 인간과 호모 에렉투스의 유전자를 비교해보는 작업은 매우 흥미로운 일이 될 것입니다." 그는 마이야르 반응이 암을 유발할 수 있는 화학물질을 생산해내기도 한다는 점 또한 언급한다.

아직 증거가 충분치 않은 가운데서도, 일부 학자들은 랭엄의 이론이 인간 진화의 연구 분야를 뒤흔들어놓을 물건이라고 생각한다. "우리는 리처드의 이야기에 귀를 기울여야 해요. 그는 매우 흥미롭고 독창적인 자료를 제시하기 때문이죠." 인류학 연구를 지원하는 베네그렌 재단의 회장인 아이엘로가 말한다. "이따금씩 가장 창조적인 아이디어는 예상 밖의 장소에서 나오는 법이죠." 그녀는 구달을 예로 들면서, 그녀가 인간만이 유일한 도구 제작자가 아니라는 사실을 입증함으로써 세계를 놀라게 한 사실을 상기시킨다. "그것은 인간의 진화 및 적응과 관련된 우리의 지식을 키워주는 영장류 연구의 가치에 대해 내가 아는 한 최고의 사례 중 하나예요." 아이엘로가 말한다.

만약 랭엄의 독특한 아이디어가 사실로 밝혀지면, 화톳불에서 새까맣게 탄 덩이줄기를 들어 올려서 먹었던 초기 호미니드의 제이미 올리버에게* 감사할 수 있게 될 것이다. 그 요리사가 없었다면, 우리는 결코 우리 기원을 알아낼 수 없었을 테니 말이다. 물론 잘 구워진 스테이크를 즐길 수도 없었을 것이다.

*영국의 요리사이자 방송인으로, 공교육 급식에서의 가공 식품 사용을 반대하는 캠페인을 진행해온 것으로 유명하다.

2-3 조부모의 진화

레이철 카스파리

내가 여섯 살 때였던 1963년 여름 동안, 내 가족은 필라델피아에 있는 우리 집에서 외가 친척들을 방문하기 위해 로스앤젤레스로 여행을 떠났다. 나는 할머니를 잘 알고 있었다. 할머니는 엄마를 도와 나보다 18개월 아래인 내 쌍둥이 동생들과 나를 보살펴주셨기 때문이다. 우리와 같이 지내지 않았을 때 할머니는 그녀의 엄마와 함께 살았는데, 나는 그해 여름에 증조할머니를 처음으로 뵈었다. 나는 장수 집안 출신이다. 내 할머니는 1895년에 태어났고 증조할머니는 1860년대에 태어나셨다. 두 분 모두 거의 100년을 사셨다. 우리는 두 할머니와 여러 주를 함께 보냈다. 그분들 이야기를 통해, 나는 내 뿌리에 대해 배웠고, 4세대에 걸친 사회 연결망 속에서 내가 어디에 속하는지 알게 되었다. 그들의 개인적 회상은 나를 미국 남북전쟁과 재건 시기 말엽의 삶으로 이끌었고, 또한 우리 선조가 직면했던 도전과 그들이 보존하고자 했던 방식과 연결해주었다.

내 이야기는 나만의 것은 아니다. 연장자들은 전 지구에 있는 인간 사회에서 중요한 역할을 맡고 있다. 지혜를 전달하고 어린이의 울타리인 가족과 씨족을 위한 사회적·경제적 지원을 제공해준다. 현대에 와서 사람들은 통상적으로 조부모가 될 만큼 충분히 오래 산다. 그러나 사정이 항상 그렇진 못했다. 조부모들이 널리 퍼진 시점은 언제였으며, 그들이 늘 존재한 환경은 인간 진화에 어떤 영향을 미쳤을까?

　동료들과 내가 수행해온 연구에 따르면, 조부모 연령대에 도달한 사람들이 흔하게 된 상황은 인간 이전의 역사까지 감안하면 비교적 최근의 일에 불과하고, 이런 변화는 현대적 행동 양식을 촉발한 문화적 변동(예술과 언어의 토대를 이루는 정교한 상징체계에 기초한 의사소통에 대한 의존성을 포함하여)과 대략 같은 시기에 일어났다. 이런 발견들은 늙은 나이까지 산다는 것이 인구 집단의 크기, 사회적 상호작용, 초기 현생인류 집단의 유전학 등에 심오한 영향을 미쳤으며, 현생인류가 네안데르탈인과 같은 고전적 인류들보다 더 크게 성공을 거둘 수 있었던 이유를 설명해줄 수 있음을 시사한다.

바쁘게 살고 어릴 때 죽다

조부모들이 사회에 정착하게 된 시점이 언제인지를 찾아내는 첫 단추는 과거 집단의 전형적 연령 명세를 평가하는 데서 출발한다. 즉 어린이, 가임기 어른들, 어린 어른들의 부모의 비율은 얼마인가? 하지만 고대 인구 집단의 인구학을 재구성하기란 매우 힘든 일이다. 무엇보다도 전체 인구 집단이 화석 기록에는 전혀 보존되어 있지 않기 때문이다. 고생물학자들은 개인의 단편을 복구하려는 경향이 강하다. 또 다른 이유는 초기 인류는 현생인류와 같은 속도로 성숙할 필요가 없었다. 실제로 성숙화 속도는 오늘날 인간 집단 사이에서조차 서로 같지 않다. 그러나 몇몇 답사지에서는 과학자들이 유해의 사망 시기를 신빙성 있게 평가할 수 있을 정도로 같은 퇴적층에서 충분히 많은 인간 화석들이 출토된다. 이것은 선사시대 인구 집단의 구성을 이해할 수 있는 핵심 열쇠라고 할 수 있다.

크로아티아 자그레브 시에서 북서쪽으로 40킬로미터 떨어져 있는 크라피나(Krapina)에 위치한 돌로 지어진 피난처가 그런 답사지 중 하나이다. 100년도 더 전에 크로아티아 고생물학자 드라구틴 고르자노비치크람베르거는 발굴을 통해 그곳에 묻혀 있던 70구의 파편화된 네안데르탈인 유해들에 대해 서술해놓았다. 그 유해 대부분은 13만여 년 전으로 거슬러 올라가는 시대의 지층에서 출토되었다. 화석이 서로 지근거리에서 발견되었으며 매우 급속하게 퇴적물이 누적되었고 유해 일부가 확연히 유전적으로 결정된 형질을 공유한다는 사실 등으로 미루어, 크라피나의 뼈들이 네안데르탈인 단일 집단의 유해라는 것을 대략적으로 알 수 있다. 화석 기록에서 대체로 그렇듯, 크라피나에서 가장 잘 보존된 유해는 치아이다. 치아는 대부분이 광물질로 이루어져서 잘 분해되지 않기 때문이다. 다행스럽게도 치아는 사망 시기를 결정하는 데 도움을 주는 최고 골격 요소 중 하나이다. 표면의 마모 정도와 내부 구조상 나이 관련 변화들을 분석함으로써 사망 시기를 알아낼 수 있다.

1979년 이때는 내가 조부모의 진화에 대한 연구를 시작하기 이전인데, 미시간 대학교의 밀퍼드 울포프는 치아 화석을 분석하여 크라피나 네안데르탈인이 사망할 때 몇 살이었는지를 평가하는 논문을 출판했다. 어금니는 나중에 나는 치아이다. 현생인류에게서 관찰되는 치아 생성 시간표를 기준 삼아, 울포프는 네안데르탈인의 첫 번째, 두 번째, 세 번째 어금니가 대략 6세, 12세,

15세에 각각 난다고 추정했다. 씹기에 따른 마모는 개인의 평생 동안 일정한 속도로 누적되는 까닭에 두 번째 어금니가 생길 때, 첫 번째 어금니는 이미 6년의 마모를 겪고, 마찬가지로 세 번째 어금니가 날 때, 두 번째 어금니는 3년의 마모를 겪는다고 할 수 있다.

거꾸로 다음과 같이 추론할 수 있다. 15년 동안 마모를 겪은 첫 번째 어금니는 21세 네안데르탈인의 것이고, 15년 동안의 마모를 겪은 두 번째 어금니는 27세의 것이고, 15년 동안의 마모를 겪은 세 번째 어금니는 30세의 것으로 볼 수 있다(이 추정치는 더하기 빼기 1년의 오차범위를 지닌다). 이처럼 마모에 기초하여 사망 나이를 결정하는 순서 배열법은 1963년 치아 연구자 A.E.W. 마일스가 개발한 기법으로, 많은 어린이 화석 표본에서 가장 정확도가 높다. 크라피나에는 이런 화석이 풍부하다. 이 방법은 나이 먹은 개인의 치아에 적용할 때는 정확성이 떨어지는데, 치아머리(치관)가 너무 닳아서 측정의 신뢰도를 확보하기 힘들고 일부 경우에는 전체가 완전히 마모될 수도 있기 때문이다.

울포프의 작업은 크라피나 네안데르탈인이 일찍 죽었음을 말해준다. 수명의 진화에 대한 연구를 시작한 지 얼마 지나지 않은 2005년, 나는 새로운 접근법을 사용하여 이 표본을 다시 조사해보기로 마음먹었다. 나는 우리가 마모에 기초한 순서 배열법의 내재적 한계로 인해 나이 든 개인들을 놓치고 있지 않음을 확실히 하고 싶었다. 자그레브에 있는 크로아티아 자연사박물관의 야코브 라도브치치와 미시간 대학교의 스티브 골드스타인, 제프리 메강크, 다나

베건 그리고 센트럴미시간 대학교의 대학원생들과 함께, 나는 크라피나의 개인들이 죽을 때 몇 살이었는지를 재평가하기 위해 비파괴적 방법인 고해상 3차원 미세컴퓨터 영상촬영(μCT)을 개발해내고 싶었다. 특별히 우리는 2차 상아질이라 불리는 치아 내부에 있는 조직 형태의 발달 정도에 주목했다. 2차 상아질의 양은 나이가 들수록 증가하기 때문에 치아머리가 너무 닳아서 좋은 지표가 될 수 없을 때 개인의 사망 나이를 평가하는 방법을 제공해준다.

라이프치히에 있는 막스플랑크 진화인류학 연구소에서 제공된 스캔을 통해 보완된 우리의 최초 발견은 울포프의 결과를 방증했고, 마모에 기초한 순서 배열법의 타당성을 입증했다. 즉 크라피나 네안데르탈인들은 놀랄 정도로 높은 치사율을 보였는데, 30세 넘게 산 사람이 아무도 없었다(이것은 네안데르탈인 전체가 30세 넘어서까지 살 수 없었음을 말하는 것이 아니다. 크라피나 외의 답사지에서 출토된 소수 개인은 40세 정도까지도 살았다).

오늘날 기준에 따르면, 크라피나 사망 패턴은 상상하기 힘든 것이다. 무엇보다도 대부분 사람에게 나이 30세는 인생 최고의 시기이다. 그리고 수렵채집인도 가까운 과거까지 30세 넘게 살았다. 그럼에도 불구하고 크라피나 네안데르탈인들이 초기 인간들 사이에서 특이한 것은 아니었다. 스페인의 아타푸에르카에 있는 60만 년 정도 된 시마 데 로스 우에소스 답사 현장처럼, 보존된 다수 개인들과 함께 묻혀 있는 소수의 다른 인간 화석도 비슷한 패턴을 보여준다. 시마 데 로스 우에소스 사람들은 아동 및 젊은 성인 사망률이 매우 높았으며, 35세를 넘어서 생존한 경우는 없고 그 나이에 다다르는 사람도 소수에 불과했다. 재난이 발생했거나 혹은 유해들이 화석화하는 과정에서 특수한 환경에 처하여 나이 든 개인의 보존에 불리한 선택화가 이루어졌을 가능성도 없진 않다. 그러나 우리가 수행했던 인간 화석 기록의 광범위한 조사(이 경우처럼 예외적으로 화석이 풍부한 곳은 물론 소수 개인만을 포함하는 다른 답사 현장에서 얻은 자료를 포함하여)는 젊을 때 죽는 일이 예외가 아니라 보편이었음을 말해준다. 영국의 철학자 토머스 홉스의 말을 빌리자면, 선사시대의 생활은 정말로 형편없고, 야만적이고, 짧았다.

조부모들의 탄생

새로운 μCT 접근은 서로 다른 화석 인간 집단 가운데 노년의 개인들에 대한 고해상도 사진을 제공할 수 있는 잠재력을 지니고 있다. 그러나 이 기법을 접하기 몇 년 전, 캘리포니아 대학교 리버사이드 캠퍼스의 이상희와 나는 인간 진화의 과정에서 수명의 변화를 보여주는 증거를 찾기 위한 준비를 마쳤다. 우리는 그 당시 이용할 수 있는 최고의 접근법인 '마모에 기초한 순서 배열법'으로 시선을 돌렸다.

그런데 당혹스런 상황에 직면했다. 대부분의 인간 화석들은 많은 개인이 뒤섞인 채 보존되어 있어서 유해들이 전체 집단의 대표성을 반영한다고 간주할 수 있는 크라피나와 같은 답사지에서 출토된 것이 아니라는 점이었다. 적은 표본에다가 연관된 통계가 불확실한 까닭에, 답사지에서 발견된 동시대 개인들의 구성원 수가 적을수록 노년에 죽은 구성원의 나이가 얼마인지를 신뢰성 있게 예측하는 것은 그만큼 더 어려워진다.

우리는 다른 방식으로 언제 조부모들이 일상화되기 시작했는지에 대한 질문에 답을 얻을 수 있음을 발견했다. 우리는 개인이 얼마나 오래 살았는지를 묻는 대신에, 그들 중 얼마나 많은 사람들이 늙을 때까지 살아 있었는지를 물었다. 즉 절대 나이에 초점을 두기보다 상대 나이를 계산했고, 최초로 조부모가 될 수 있는 나이까지 어느 정도 비율의 어른이 살아 있었는지를 조사했다. 우리 목적은 젊은 성인에 대한 늙은 성인의 비율(소위 OY 비율)이 진화의 시간 동안 어떻게 변했는지를 추산해내는 것이었다. 매우 최근까지의 인간을 포함하여 영장류 중에서, 세 번째 어금니는 한 개인이 성인이 되어 가임 연령에 도달하는 시간대와 동일한 시간에 난다. 우리는 네안데르탈인과 동시대의 수렵 채집인 집단에서 얻은 자료를 기반으로 화석 인간들이 세 번째 어금니를 가진 15세경에 그 첫 번째 아이를 낳았다고 추정했다. 그리고 조부모가 되기 시작한 나이를 그 두 배로 간주했다. 오늘날 일부 여성은 나이 15세에 아이를 낳을 수 있는데, 그런 여성의 아이가 15세에 아이를 낳으면 그 여성은 할머니가 되는 것이다.

그런 다음 우리의 목적에 따라 30세 이상으로 판단될 수 있는 모든 고대 개인만을 늙은 어른, 즉 조부모가 되기에 충분히 나이가 먹은 어른으로 제한했다. 그러나 OY 비율 접근의 미학은 성숙화의 시기를 10세, 15세, 20세 중 어떤 때로 잡아도 OY 비율에는 변화가 없다는 점이다. 성숙화의 시기에 따라 늙은 노인의 발생 시기도 늦춰지는 까닭에 늙은 개인과 젊은 개인의 수에는 변화가 없기 때문이다. 그리고 우리가 원하는 것은 화석들을 이 포괄적인 두 범주에 넣는 일이었으므로, 절대 연령을 측정할 때의 불확실성에 대한 염려에서 벗어나서 다수의 소규모 화석 표본을 우리 분석에 포함시킬 수 있었다.

우선 300만 년 기간에 걸친 총 768개에 달하는 개체들의 커다란 화석 표본 집단 넷을 대상으로 OY 비율을 계산했다. 한 집단은 후기 오스트랄로피테쿠스 계통이다. "루시"의 영장류 친족들로서, 300만 년에서 150만 년 전에 동아프리카와 남아프리카에 살고 있었다. 또 다른 집단은 우리 호모속의 초기 구성원들로 이루어져 있었다. 200만 년에서 50만 년 전까지 지구 전체에 분포해 있었다. 세 번째 집단은 유럽의 네안데르탈인으로서, 13만 년에서 3만 년 전까지 살았다. 마지막 집단은 현생 유럽인들로 구성되었는데, 후기 구석기 초기부터 살았다. 3만여 년에서 2만여 년 전까지 살았고, 정교한 문화적 인공물을 남겼다.

시간의 진행에 따른 수명의 증가를 발견할 수 있으리라고 기대했음에도 불구하고, 우리 결과가 얼마나 놀라울 수 있는지에 대해서는 미처 마음의 준비를 하지 못했다. 모든 표본에서 시간 진행에 따른 수명의 증가라는 작은 경향성을 관찰할 수 있었지만, OY 비율에서 초기 인류와 후기 구석기의 현생인류 사이의 차이는 무려 5배에 달했다. 즉 나이 15~30세 사이에 죽은 젊은 성인 네안데르탈인 10명을 기준으로 할 때, 30세 너머까지 생존했던 늙은 성인은 4명에 불과했다. 이와 대조적으로 유럽인의 후기 구석기 사망 분포에서는 젊은 성인 10명마다 잠재적인 조부모는 20명에 달했다. 후기 구석기 답사지에 매장된 수가 많았기 때문에 해당 표본에서 늙은 성인의 비율이 높다는 주장이 제기될 것을 우려하여, 우리는 매장되지 않은 유해들만을 이용하여 후기 구석기 표본을 재분석했다. 그러나 결론은 명백했다. 인간 진화의 역사에서 성인 생존율이 치솟은 것은 매우 최근의 일이다.

생물학 혹은 문화?

해부학적으로 현생인류 진화의 일정한 시점에 잠재적 조부모의 수가 급상승했다는 사실을 확립한 이상희와 나는 또 다른 질문을 던졌다. 즉 이런 변화를 가져온 원인은 무엇이었는가? 두 가지 가능성이 있었다. 수명은 유전적으로 통제된 형질(해부학적 현생인류를 그 조상과 생물학적으로 명백하게 구분하는)이 종합된 한 형태이거나, 오늘날 해부학의 출현이 아니라 보다 최근 행동 양식의 변화에 따른 결과에 동반한 것이다. 해부학적으로 볼 때 현생인류는 후기 구석기 문화를 상징하는 예술과 발전된 무기가 만들어진 진화적 순간을 맞이하지 못했다. 그들의 탄생 시기는 후기 구석기 유럽인을 10만 년 이상 앞서 있었다. 그리고 그 기간의 대부분 동안, 해부학적으로 그들의 고대 동료인 네안데르탈인도 그들과 마찬가지로 더 단순한 중기 구석기 기술을 사용하고 있었다(양 집단의 구성원들은 후기 구석기 이전에 예술과 정교한 무기를 만드는 데 잠시 손을 댔던 것 같기는 하다. 그러나 이런 전통은 그 이후 시대를 특징짓는 보편적이고 지속적인 전통들과 비교할 때 일시적 현상에 불과했다). 우리 연구는 조부모들의 커다란 증가가 해부학적으로 현생인류에게 고유한 것임을 말해주었지만, 그것만으로는 생물학적 설명과 문화적 설명의 차이를 구별해낼 수 없다. 우리가 조사했던 현생인류는 해부학적으로도 행동 양식도 현대적이었기 때문이다. 아직 행동 양식은 아니지만 해부학적으로는 현생인류에 속했던 유해들을 대상으로까지 그들의 수명을 추적해낼 수 있을까?

이 질문을 다루기 위해, 이상희와 나는 시기가 11만 년에서 4만 년 전 사이로 추정되는, 서아시아에서 출토된 중기 구석기 인류를 분석했다. 우리 표본에는 네안데르탈인과 현생인류가 모두 포함되어 있었고, 둘 모두는 같다고 볼수 있을 정도의 단순한 인공물을 보유하고 있었다. 이 접근을 통해 우리는 생물학적으로 명백하게 구분되는(많은 학자들은 두 집단을 별도의 종으로 본다) 두집단의 OY 비율을 비교할 수 있었다. 그들은 같은 지역에서 같은 정도의 문화적 복잡성 속에서 살고 있었다. 우리는 서아시아에서 출토된 네안데르탈인과 현생인류가 통계적으로 동일한 OY 비율을 지니고 있음을 찾아냈는데, 이는 생물학적 변이를 통해 후기 구석기 유럽인에게서 나타났던 성인 생존율증가 현상을 설명할 수 있는 가능성이 배제된다는 뜻이다. 서아시아의 두 집단 모두에서는 늙은 성인과 젊은 성인의 비율이 대체로 동일했으며, 그들의 OY 비율은 유럽에서 출토된 네안데르탈인과 초기 현생인류의 비율값 사이에놓였다.

유럽의 네안데르탈인과 비교했을 때, 서아시아 네안데르탈인(그리고 현생인류)은 조부모가 될 때까지 살아남을 확률이 훨씬 컸다. 이것은 기대하지 않은 결과였다. 어쩌면 서아시아의 더 온화한 기후가 빙하기 유럽의 거친 생태적 환경에서 생존하는 것보다 훨씬 더 쉬운 환경을 조성했을 수 있다. 설령 더 온화한 서아시아의 환경이 그곳 중기 구석기 인구에서 보이는 증가된 성인 생존율을 설명해준다고 해도, 후기 구석기 유럽인들의 수명 증가는 훨씬 더 인상적이다. 생활환경이 훨씬 더 거칠었음에도 불구하고, 후기 구석기 유럽인들의 OY 비율은 중기 구석기 현생인류의 두 배에 달했다.

연장자의 중요성

우리는 더 많은 수의 후기 구석기 유럽인이 더 늙은 나이까지 살 수 있도록 해준 새롭게 출현한 문화적 요소가 무엇인지 정확히 알지 못한다. 그러나 이렇게 증가된 성인 생존율 그 자체가 광범위한 영향력을 행사했음은 의심의 여지가 없어 보인다. 유타 대학교의 크리스틴 호크스와 뉴멕시코 대학교의 힐러드 카플란, 그리고 또 다른 학자들은 현대의 여러 수렵채집인 집단에 대한 자신들의 연구에서 조부모들이 자기 자손들에게 일상적인 경제적 및 사회적 자원을 제공하며 기여한다는 사실을 보인 바 있다. 자기 자식들이 가질 수 있는 아이의 수를 늘려주고, 손자들의 생존율도 높여준다. 조부모들은 복잡한 사회적 연계를 강화해주기도 한다. 마치 내 할머니가 조상들 이야기를 들려줌으로써 나를 내 세대의 다른 친척들과 연결해주었던 것처럼.

연장자들은 다른 종류의 문화적 지식도 전달해준다. 환경적 지식(어떤 식물이 독성을 지녔는지 또는 가뭄 중에는 어디에서 물을 찾을 수 있는지)부터 기술적 지식(바구니를 어떻게 짜는지 또는 석기 칼을 어떻게 쪼개는지)까지. 여러 세대로 이루어진 가족은 집에서 중요한 교훈을 되새길 수 있도록 해주는 더 많은 구성원으로 이루어져 있다. 따라서 길어진 수명은 아마도 뒤얽힌 친족 체계를 형성하고 여타 사회 연결망을 촉진했던 세대간 정보 누적 및 전달을 강화해주었을 것이다. 수명의 증가는 또한 과거에는 존재하지 않았으나 지금은 가임 상태이면서 나이든 집단을 더함으로써 인구 규모의 증가로 이어질 수도 있었을 것이다. 그리고 거대 집단은 새로운 행동 양식의 주요한 추동력이다. 2009년 UCL의 애덤 파월과 그 동료들은 《사이언스》에 인구밀도가 문화적 복잡성을 유지하는 데 중요한 지표라는 사실을 보여주는 논문을 출판했다. 그들과 다른 많은 연구자들은 더 큰 인구 집단일수록 광범위한 교역망의 발달, 복잡한 협력 체계, 개인 및 집단의 신체 표현력(보석, 보디 페인트 등등)을 촉진했다고 주장한다. 그런 관점에서 보자면 후기 구석기를 대표하는 특징들은 그들의 인구 규모를 팽창시키는 결과를 낳았을 법하다.

인구 규모를 키운 일은 우리 선조에게 또 다른 방식으로 영향을 미쳤을 것이다. 즉 진화의 속도를 가속화했을 것이다. 위스콘신 대학교 매디슨 캠퍼스의 존 호크스가 강조한 것처럼 더 많은 인구는 구성원이 재생산됨에 따라 인구 전체를 휩쓸 만큼 유리한 돌연변이를 가져다주는 더 많은 돌연변이 기회를 의미한다. 이런 경향은 후기 구석기 인류보다 최근의 인류에게 훨씬 더 놀라운 영향을 미칠 수 있었을 것이다. 1만 년 전 식물의 작물화에 동반하여 기하급수적으로 인구가 증가했기 때문이다.

성인 생존율과 정교한 새로운 문화적 전통 사이 관계는 거의 확실하게 상호 상승효과를 가져왔다. 처음에는 문화적 변화에 따른 일종의 부산물이었던 수명은 현대성을 특징짓는 복잡한 행동 양식을 위한 필수 조건이 되었다. 이런 혁신은 결국 나이 든 성인의 중요성과 생존율을 촉진했고, 그 결과 우리 선조에게 심오한 문화적 및 유전적 영향을 가져왔던 인구 팽창이 일어났다. 실제로, 늙을수록 더욱 지혜롭다.

늙어가는 것

300만 년에 걸친 수천 명 개인들의 화석화된 치아를 분석해보면 조부모가 될 만큼 충분히 오래 사는 일은 인간 진화의 역사에서 비교적 최근에서야 가능해졌음을 알 수 있다. 저자와 동료들은 인간 조상의 네 집단, 즉 오스트랄로피테쿠스, 호모속의 초기 구성원들, 네안데르탈인, 초기 현생 유럽인들을 대상으로 젊은 성인 대비 늙은 (조부모 나이가 된) 성인의 비율을 평가했다. 그리고 그 비율이 인간 진화의 과정에서 3만 년쯤 전까지는 완만한 증가세를 보이다가, 그때부터 빠르게 치솟았음을 알아냈다.

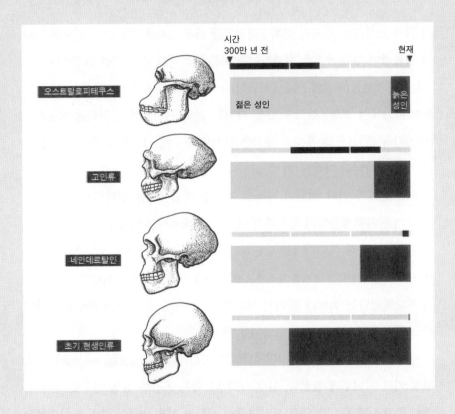

통속적 진화심리학의 네 가지 오류

데이빗 불러

이 글에 등장하는 통속적 진화심리학이란 대중 소비를 목적으로 진화론 원리를 적용하여 인간 본성을 설명하려는 이론 심리학의 한 분야를 일컫는다.

《종의 기원》(1859)에 이은《인간의 유래》(1871)과《인간과 동물의 감정 표현》(1872)에서 보듯, 찰스 다윈은 자신의 진화론을 인간 심리학에 적용하는 데 시간을 들였다. 그 후로도 쟁점은 심리학 연구에 진화론을 적용할 수 있느냐 자체가 아니라 어떻게 할 수 있느냐는 방법론에 놓여 있었다. 그럼에도 불구하고 진화가 인간 행위에 어떻게 영향을 미쳤는가를 설명하기 위한 종합적 노력은 사회생물학의 출현과 함께 1970년대에서야 비로소 시작되었다. 사회생물학의 핵심 아이디어는 단순하다. 즉 행위는 유기체가 진화해온 것처럼 (생존과 재생산을 위한 경쟁을 둘러싸고 벌어지는) 자연선택과 성선택의 영향력 아래 진화해왔다는 것이다. 따라서 사회생물학은 적응에 대한 연구에 인간 행위를 포함시키는 것으로 자신의 영역을 확대했다.

사회생물학에 대한 비판서인《날뛰는 야심(Vaulting Ambition)》(1985)에서, 필립 키처는 이렇게 말했다. 일부 사회생물학은 꼼꼼한 경험 연구를 통해 신중한 주장을 펼치지만, 주류 프로그램의 이론적 적용 범위는 증거에 기초하는 정도를 훨씬 크게 넘어섰다. 키처는 이런 주류 프로그램을 "통속적 사회생물학"이라 불렀다. 그런 프로그램은 "인간 본성과 사회 제도에 대한 거창한 주장을 내세우기 위해서" 그리고 "대중의 관심을 유도하기 위해서 정교하게 설계된" 진화론 원리들을 채택하고 있었기 때문이다.

시대는 변했다. 스스로를 사회생물학자라고 밝히는 학자들이 주변에 여전히 존재하지만, 현재의 대세는 진화심리학이다. 진화심리학은 행위 자체보다는 행위를 통제하는 심리적 메커니즘에서 적응을 발견해야 한다고 주장한다. 그러나 속담이 말하듯, 많이 변한 것일수록 더 똑같은 법이다. 진화심리학의 일부 연구가 신중한 경험 연구를 바탕으로 신중한 주장을 펼치고 있지만, 주류인 통속적 진화심리학은 대중 소비용으로 인간의 본성에 대해 거창하고 두루뭉술한 주장을 내놓는다.

통속적 진화심리학의 가장 유명한 대표자들로는 심리학자 데이빗 부스(오스틴에 위치한 텍사스 대학교의 교수이자 《욕구의 진화와 위험한 욕망》의 저자)와 스티브 핑커(하버드 대학교의 교수로서 《마음은 어떻게 작동하는가》와 《빈 서판》의 저자)를 들 수 있다. 그들의 유명한 설명은 진화심리학 샌타바버라 학파의 선구적인 이론 작업 위에 세워졌다. 이 학파는 캘리포니아 대학교 샌타바버라 캠퍼스의 인류학자 도널드 시먼스와 존 투비, 심리학자 레다 코스미데스 등이 주도했다.

통속적 진화심리학에 따르면 "인간의 뇌는 기능적으로 특화된 계산 장치들의 거대한 집합이다. 이 계산 장치들은 우리의 수렵채집인 조상이 정기적으로 맞닥뜨렸던 적응의 문제들을 해결하도록 진화했다."(출처 : 캘리포니아 대학교 샌타바버라 캠퍼스 진화심리학 센터의 웹사이트). 통속적 진화심리학은 말하길, 자연선택과 성선택에 의한 진화가 모든 인간에게 심장 및 신장과 같은 형태적 적응을 부여했듯이, 진화가 모든 인간에게 일련의 심리적 적응 또는 "심리적 기관"을 부여했다. 이런 적응에는 심리적 기제, 또는 언어, 안면 인식, 공간 지각, 도구 사용, 배우자 유인 및 지속, 부모의 돌봄과 폭넓고 다양한 사회관계 등을 위한 "기능적으로 특화된 계산 장치"가 포함된다. 집약적으로 이런 심리적 적응들이 "보편적 인간 본성"을 구성한다. 이에 따르면 개인적 그리고 문화적 차이는 다양한 지역 환경에 반응하는 우리의 공통된 본성의 결과이다. 이것은 컴퓨터 프로그램의 산출 결과가 그 입력물의 기능에 따라 변하는 것과 크게 유사하다. 이 규칙에 대한 눈에 띄는 예외는 성 차이와 관련되어 있는데, 성차가 진화해온 이유는 남성과 여성이 이따금씩 서로 다른 적응 문제들에 직면했기 때문이다.

더욱이 복잡한 적응은 매우 느린 과정이므로 인간의 본성은 플라이스토세(180만 년에서 1만 년 전 사이에 해당하는 시기)의 수렵채집인 생활양식을 위해 설계된 것이다. 코스미데스와 투비가 유려하게 말하듯 "우리 현대인의 머리는 석기시대의 마음속에 살고 있다." 통속적 진화심리학은 우리 조상들이 직면했던 적응 문제들을 분석하고, 그런 문제를 풀기 위해 진화한 심리적 기제에 타당한 가설을 세운 다음, 서면을 이용한 설문조사와 같이 심리학의 보편적 증거를 이용하여 이런 가설을 검토하는 방식으로 우리의 보편적 인간 본성을 발견할 수 있다고 본다. 통속적 진화심리학은 다수의 심리적 적응들이 이런 방식으로 발견될 수 있었다고 주장한다. 심리적 적응에는 짝짓기 선호

(남성은 가임 가능성을, 여성은 성공 가능성을 선호한다)와 질투(남성은 배우자의 불륜에 더 크게 실망하고, 여성은 정서적 불충실에 더 낙담한다)에서의 진화된 성차도 포함된다.

나는 통속적 진화심리학이 길을 잃었다고 믿는다. 그 이유는 하나의 근본적 오류이기보다는 많은 작은 실수들 때문이다. 그럼에도 최근의 진화심리학 비판들은 통속적 진화심리학의 보편적 문제들을 지적하고 있다.

오류 1 : 플라이스토세 적응 문제의 분석은 마음의 설계에 대한 단서를 제공해준다

투비와 코스미데스는 플라이스토세 조상들이 "생식 가능성 높은 배우자를 선택하고" 또한 "그런 배우자를 선택하기 위해 잠재적 배우자를 유혹했을" 것이라고 꽤나 확신할 수 있기 때문에, 그런 문제를 해결하기 위해 심리적 적응들이 진화했음도 마찬가지로 확신할 수 있다고 본다. 그러나 인간의 심리적 진화를 추동했던 적응 문제들을 파악하기 위한 노력은 딜레마에 빠지고 말았다.

그런 딜레마의 하나는 우리 조상들이 예를 들어 "잠재적 배우자들을 유혹하여 그들을 선택해야만 했다"는 것이 사실이었다고 해도, 그런 서술은 너무도 추상적이어서 인간의 심리적 적응의 본성에 대한 어떤 명확한 방향도 제공해줄 수 없다. 모든 종은 배우자를 유혹해야 하는 문제에 직면해 있다. 수컷 바우어새는 잘 꾸며진 장식으로 치장한 거처를 짓고, 각다귀 수컷은 포획한 먹이를 제공하며, 명금 수컷은 다양한 목소리로 노래를 부른다. 고대의 인류가 어떤 전략을 사용해야만 했었는지를 이해하려면 초기 인류의 적응 문제에 대해 훨씬 더 정교한 서술이 요구된다.

하지만 우리 조상들이 직면했던 적응 문제에 대한 보다 정교한 서술은 또 다른 딜레마에 빠져서 꼼짝달싹하기 힘들다. 즉 초기 인류의 진화가 발생한 환경에 대해서 사실 우리가 아는 바가 거의 없기 때문에 이런 서술들은 완전히 피상적인 것에 불과하다. 고고학적 기록이 초기 인류 생활의 일정한 측면에 대해 몇 가지 단서들을 제공해주는 것은 사실이지만, 인간의 심리적 진화에서 핵심적으로 중요했음이 분명해 보이는 사회적 상호작용에 관해서는 대체로 침묵하고 있다. 현존하는 수렵채집인 집단들도 우리 조상의 사회생활에 대해 많은 단서를 제공해주지는 못한다. 실제로 이런 집단들의 생활양식은 그 변화 폭이 상당히 크다. 초기 인류가 자리 잡고 있었던 아프리카 지역에서 사는 집단들 사이에서도 변화의 폭은 마찬가지로 상당하다.

더욱이 하버드 대학교의 생물학자 리처드 르원틴이 주장하듯, 어떤 종이 대면하는 적응 문제는 그 종의 특성 및 생활양식과 무관하지 않다. 나무껍질은 딱따구리가 부닥치는 적응 문제에 속하지만, 나무뿌리에 놓인 돌들에게는 그렇지 않다. 대조적으로 개똥지빠귀는 돌을 이용해서 달팽이 껍질을 깨기 때문에 돌은 개똥지빠귀가 마주하는 적응 문제의 일부이지만 나무껍질은 그렇지 않다. 이와 비슷하게 우리 조상의 동기 부여적이고 인지적인 과정은 물리적 및 사회적 환경상의 특징들에 선택적 반응을 보였을 텐데, 바로 이 선택적 반응이 인간 진화에 어떤 환경적 요소들이 영향을 미쳤는지를 결정했을 것이다. 따라서 인간 심리를 형성했던 적응 문제를 파악하기 위해서, 우리는 고대의 인간 심리학에 대한 뭔가를 알 필요가 있다. 그러나 우리는 그럴 수 없다.

마지막으로 인간 진화의 역사를 통해 우리 조상이 직면했던 적응 문제들을 정확하게 파악할 수 있는 경우조차, 우리는 여전히 인간의 심리적 적응의 성격에 대해 많은 것을 추론할 수밖에 없을 것이다. 이미 존재하는 형질의 변형을 유보하는 방식으로 선택은 적응 문제에 대한 해결책을 구축한다. 후속적 적응은 항상 이미 존재하는 형질들이 어떻게 변형 가능한가에 달려 있다. 특정한 적응 문제에 대한 해결책이 어떻게 진화했는가를 알기 위해서는 그 문제를 해결하기 위해서 소집되고 변형되었던 이미 존재하는 형질에 대해서 뭔가를 알 필요가 있다. 우리 조상의 심리적 형질에 대한 지식이 없다면(우리에겐 그런 지식이 없다), 선택이 현재 우리 마음을 창조하기 위해 그런 형질들을 어떻게 주물럭거렸는지 알 도리가 없다.

오류 2 : 우리는 고유한 인간 형질이 진화해온 이유를 알거나 발견할 수 있다
생물학자들은 공동 조상에서 내려오는 종의 집단을 연구하는 비교 방법을 써서 종의 진화를 추동했던 선택압을 재구성할 수 있다. 집단에 속한 모든 종은 공동의 형(形)에서 비롯했으므로 그들 사이에 발생한 차이란 그들이 직면했던 환경적 요구들의 차이에 따른 것이라 할 수 있다. 둘 이상의 종이 어떤 형질을 공유하고 있지만 나머지 다른 종들은 공유하고 있지 않을 때, 그런 형질을 지닌 종들이 맞닥뜨린 공통적인 환경적 요구들을 파악할 수 있는 길이 열린다. 이런 식으로 형질의 차이와 특정한 환경적 변동 사이의 상관관계를 그려볼 수 있는데, 이로부터 형질이 적응해야 했던 환경적 요구들을 특정해낼 수 있다.

반면 이러한 비교법은 인간의 본성을 구성한다고 가정되는 심리적 형질(언어와 고등 인지의 형태를 포함하여)의 적응사(史)를 밝히려는 통속적 진화심리학의 포부에는 거의 아무런 도움도 주지 못한다. 예를 들면 핑커는 언어가 무한히 복잡한 조합의 음성 소통을 위한 적응이라고 우아하게 주장했다. 언어가 적응이라는 점에서는 그가 옳을 수도 있다. 그러나 언어가 진화한 이유, 즉 언어는 무엇을 위한 적응인가를 밝혀내기 위해서는 언어가 초기 언어 사용자들에게 기여했던 적응적 기능들을 파악해낼 필요가 있다. 주어진 문제에 답하기 위해 비교법을 채택하고자 한다면, 우리는 인간의 심리적 형질을 우리와 조상을 공유하는 종에서의 상동 형질과 비교할 필요가 있다. 여기서 문제가 발생한다. 현존하는 종 가운데, 우리와 가장 가까운 친척은 침팬지와 보노보(피그미침팬지)인데, 그들과 우리는 약 600만 년 전에 살았던 조상을 공유한다. 그러나 이들 가장 가까운 친척들조차 통속적 진화심리학이 설명하려고 열망하는 언어와 같은 복잡한 심리적 형질을 가지고 있지 않다. 따라서 우리는 우리의 공통된 심리적 형질이 적응했어야 하는 바를 살펴보기 위해 우리와 가장 친한 친척이 서로 공유하는 환경적 요구들이 무엇인지 파악해낼 수 없다. 오히려 우리에게 필요한 것은 지난 600만 년 동안 현존해온 가장 가까운 친척들로부터 우리의 진화적 분리를 추동했던 환경적 요구들을 파악해내는 일이다.

이런 진화적 사건들에 대한 이해는 우리와 고등 인지능력을 공유하는 더 가까운 친척 종들의 생태학과 생활양식에 대한 정보를 통해서 비로소 가능해질 것이다. 그런 후에야 우리는 침팬지와 보노보(그리고 다른 영장류)와 공유했지만 그들에게는 없는 환경적 요구들을 파악할 수 있을 것이다. 이런 조건에 잘 들어맞는 종은 다른 호미닌, 오스트랄로피테쿠스 계통, 그리고 호모속의 다른 종들이다. 불행하게도 다른 모든 호미닌은 멸종했다. 죽은 호미닌들은 자신들 진화의 역사에 대해 (사실상) 아무 이야기도 해주지 않는다. 따라서 고유한 인간 형질들의 진화사를 구체적으로 밝히기 위해 비교 방법을 사용할 필요가 있다는 주장을 뒷받침해줄 만한 근거는 부족하다(언어의 진화에 대해 여러 이론이 존재하지만, 이론 선택을 위해 증거를 어떻게 사용할 것인가에 대한 아무런 암시도 없는 까닭이다).

그럼에도 비교 방법은 인간 고유의 적응에 대해 이따금씩 유용한 정보를 제공해준다. 하지만 오리건 주립대학교의 철학자 조너선 카플란이 강조했듯, 그런 적응은 인간들 사이 보편적 형질로서가 아니라 일부 인간 집단에서 출현하는 형질로서만 발생한다. 예를 들면 우리는 겸상적혈구빈혈증을 낳는 유전자(두 개의 유전자 복사본을 지닌 사람에게 발현)가 말라리아에 저항하기 위한 적응(단 하나의 유전자 복사본을 지니고 있을 때)이라는 것을 알고 있다. 우리의 증거는 유전자를 지닌 인간 집단과 그렇지 않은 인간 집단 사이를 비교하고, 유전자의 존재와 상관성을 맺는 환경적 요구들을 파악하는 것에서 도출되었다.

비교 방법이 이런 생리적 적응을 다뤄왔기 때문에, 그 방법을 심리적 적응에도 적용할 수 있다고 가정하는 게 합리적일 수도 있다. 그러나 이는 통속적 진화심리학에게는 달갑지 않은 위로이다. 통속적 진화심리학은 모든 인간의 심리적 적응이 실제로 인간 집단 사이에서 보편적으로 존재한다고 주장한다. 그런데 이런 보편적이고 고유한 인간의 형질이란 비교 방법으로는 거의 아무런 유용성도 제공해줄 수 없는 것이다. 따라서 이들이 단언하는 보편적 인간 본성의 진화에 대한 설명이 추측 수준을 넘어설 수 있는 가능성은 거의 없어 보인다.

오류 3 : "우리 현대인의 머리는 석기시대의 마음속에 살고 있다"

인간의 본성은 우리 조상이 수렵채집인으로 살았던 플라이스토세 기간에 설계되었다는 통속적 진화심리학의 주장은 그 시대의 양쪽 끝에서는 잘 들어맞지 않는다.

일부 인간의 심리적 기제는 의심할 바 없이 플라이스토세 기간에 출현했다. 그러나 다른 기제는 훨씬 더 오래된 진화의 과거에서 유래한, 우리가 일부 영장류 친척과 공유하는 심리적 측면들이다. 볼링그린 주립대학교의 진화신경과학자 자크 판크세프는 플라이스토세 이전 진화의 과거 깊숙한 곳에서 기원하는 인간에게 존재하는 여러 정서 체계를 파악했다. 그가 돌봄, 공황, 유희로 명명했던 정서 체계는 초기 영장류 진화사로 거슬러 올라가는 반면, 공포, 분노, 희구, 욕망의 체계는 훨씬 더 초기인 포유류 이전에 그 기원을 두고 있다.

진화의 역사를 더 깊게 안다면 우리가 인간 심리학을 이해하는 방식에도 커다란 변화가 일어날 수 있다. 부스의 주장에 따르면, 인간의 짝짓기 전략은 인간 진화의 형성에 고유하게 작용했던 적응 문제를 해결하기 위해 플라이스토세에 고안된 것이다. 인간이 단기적 짝짓기와 장기적 짝짓기 모두를 추구한다는 사실(지속적인 부부관계 속에서 이따금씩 단기간의 외도에 빠진다는 사실)에 주목하여, 그는 이런 행위들을 각 전략이 주는 생식의 이로움을 무의식적으로 계산하여 얻은 심리적 적응들의 종합판이라는 측면으로 해석한다. 즉 단기적 짝짓기 기회에서 발생하는 잠재적 생식적 이로움이 그에 반한 잠재적 비용을 크게 상회할 때, 심리적 적응은 외도로 이어진다.

인간 심리학의 어떤 측면이 인간 이전 진화사의 잔존물이라는 사실을 우리가 알아차릴 수 있다면, 우리는 매우 다른 그림을 그려볼 수 있을 것이다. 실제로 우리와 가장 가까운 친척인 침팬지와 보노보는 성관계가 대단히 문란한 종이므로, 우리 혈통은 진화의 여정에서 문란한 짝짓기가 촉진되도록 설계된 욕망의 기제를 간직한 채 인간의 고유한 구간으로 접어든 셈이다. 인간 진화의 역사에서 연속적으로 출현했던 심리적 특징들은 이런 토대 위에 세워졌다. 또한 우리의 일부 정서 체계는 연속적으로 진화하면서 인간 문화에서는 널리 퍼져 있지만 우리의 가장 가까운 친척들에게는 존재하지 않는 일대일 결합을 촉진했을 것이다. 그렇다고 욕망과 일대일 결합의 메커니즘이 종합적으로 작용하여 짝짓기 전략의 일부로 함께 진화했다고 생각할 이유는 없다. 실제로 그들은 서로 다른 적응적 요구에 대한 반응으로 별도 목적에 기여하도록 우리 혈통의 진화 역사에서 다양한 지점들에서 독자적 체계로 진화했을 가능성이 크다.

인간 짝짓기 심리학에 대한 이런 대안적 설명이 옳다면, 성관계에 대한 우리의 마음은 "하나"가 아니다. 오히려 우리는 경쟁하는 심리적 충동들을 함께 보유하고 있다. 우리는 고대로부터 진화해온 욕망이라는 기제에 의해 난잡한 성교에 휘말리기도 하고, 보다 최근에 진화된 정서 체계에 의해 장기적 일대일 결합으로 내몰리기도 한다. 언제 어떤 충동을 추구할지를 무의식적으로 계산하는 종합적인 플라이스토세 심리학에 의해 추동되기보다, 우리는 개별적으로 진화해온 정서적 기제에 의해 분열되어 있는 셈이다.

"우리 현대인의 머리는 석기시대의 마음속에 살고 있다"는 관점은 우리 진화 역사의 동시대 끝에서 잘못된 길로 안내한다. 플라이스토세에 적응된 심리학이라는 우리의 고착된 관념은 자연선택과 성선택이 얼마나 빠른 속도로 진화를 추동할 수 있는지를 크게 저평가하고 있다. 최근 연구들은 선택이 18세대(인간의 경우 대략 450년)에 걸치는 짧은 기간에도 모집단의 생활사 특성을 급격하게 뒤바꿔놓을 수 있음을 보여주고 있다.

물론 그런 급속한 진화가 발생하는 경우는 모집단에 가해지는 선택압 속에서 유의미한 변화가 뒤따를 때다. 그런데 플라이스토세 이후의 환경적 변화는 두말할 필요도 없이 인간 심리학에 가해지는 선택압을 변화시켜왔다. 농업 혁명과 산업 혁명은 인간 모집단의 사회 구조에 근본적 변화를 초래했는데, 그 영향으로 자원을 얻고 짝짓기를 하고 동맹을 형성하거나 위계질서 속 지위에 대한 협상을 벌일 때 인간이 직면하는 도전의 성격도 변했다. 다른 인간 활동(피난처를 만드는 일에서 음식을 보관하는 일에 이르기까지, 피임에서 조직화된 교육에 이르기까지)도 계속해서 선택압을 변화시켜왔다. 변화하는 환경적 변화에 대한 플라이스토세 이후의 생리적 적응과 관련하여 명백한 사례들이 있으므로, 심리적 변화에 대해서도 의심할 이유는 전혀 없다.

더욱이 인간의 심리적 특징들은 유전자와 환경의 상호작용이 관여하는 진화 과정의 산물이다. 플라이스토세 이후 유전적 진화가 거의 없다고 해도(사실은 믿기 힘들지만), 인간의 환경은 엄청나게 변해왔다. 이런 점은 앞선 사례들이 잘 보여준다. 플라이스토세에 선택된 우리가 지닌 모든 유전자들은 이런 새로운 환경들과 반응해서 우리 플라이스토세 조상의 형질과는 크게 다른 심리적 형질을 형성하게 되었을 것이다. 따라서 진화된 우리의 심리적 특징들 모두가 플라이스토세 수렵채집인의 생활양식에 적응한 채 남아 있다고 생각할 정당한 이유는 전혀 없다.

오류 4 : 심리학 자료는 통속적 진화심리학을 뒷받침하는 명백한 증거를 제공해준다

통속적 진화심리학은 우리의 플라이스토세 과거에 대한 자신들 추론에 힘입어 우리 행위를 통제하는 많은 심리적 적응들의 발견이 이루어졌다고 주장한다. 그런 성과를 고려할 때, 진화심리학이 인간 진화의 역사에 대한 진실의 일부를 다루고 있음은 분명해 보인다. 물론 이런 주장의 굳건함은 통속적 진화 심리학의 추정된 발견들을 뒷받침하는 증거에도 힘을 제공한다. 그 증거란 표준적 심리학 지필 자료(주어진 설문문항에서 하나의 답을 선택해야 하는)로 이루어져 있지만, 이따금씩 제한된 형태의 행위 자료도 추가된다. 그렇지만《적응하는 마음(Adapting Minds)》이라는 내 책에서 길게 설명하듯, 아무리 봐도 증거가 확증된 것이라 할 수 없다. 신시내티 대학교의 철학자 로버트 리처드슨이 꼬집듯, 통속적 진화심리학에서 선호하는 진화론적 가설이란 "결론으로 가장된 추론"에 불과하다. 증거의 강력함은 자료 자체가 아니라 실용적이고 대안적인 설명을 고려하고 적절하게 시험하는 것이 가능함을 보임으로써 창출되는 것이다. 이 점에 대해 구체적 사례 하나만 살펴보도록 하자.

부스는 질투가 배우자의 잠재적 외도를 알려주고, 생식에 대한 투자의 손해를 최소화하기 위해 설계된 행위를 촉발하는 감정적 경고로서 진화했다고 주장한다. 주장은 계속된다. 우리 조상에게서 외도는 두 성에게 서로 다른 재생산 비용을 가져다주었다. 남성의 경우, 여성의 외도는 또 다른 남성의 자손에게 부모의 자원을 투자한다는 뜻이다. 여성의 경우, 외도란 남편 자원의 손실을 초래할 수 있는 또 다른 여성에 대한 남편의 감정적 몰입이다. 그리고 실제로, 부스는 진화를 거친 질투하는 마음의 "설계 특성들"에서 필수적인 성차를 발견했다고 주장한다. 즉 남성의 마음이 성적 외도의 단서에 예민하다면, 여성의 마음은 정서적 외도의 단서에 더 예민하다.

이 이론을 뒷받침하고자 거론되는 핵심 자료들은 선택이 강요된 설문에 대한 응답들이다. 예를 들어 한 설문 항목은 더 화가 나는 경우를 고르도록 한다. 즉 경쟁자와 "당신의 배우자가 감정적으로 깊이 밀착되어 있다고 상상해보라." 또는 경쟁자와 "당신의 배우자가 열정적인 성교를 즐기고 있다고 상상해보라." 설문조사 결과는 여성보다는 남성이 배우자의 성적 외도를 정서적 외도보다 더 심각한 것으로 받아들이고 있음을 일관되게 보여주고 있다.

하지만 그런 자료가 성 분화된 심리적 적응의 결정적 증거라고 하기는 힘들다. 두 성 모두가 위협적이지 않은 외도로부터 위협적인 외도를 구분해낼 수 있고, 짝짓기에 공들여온 노력이 위협에 처한 정도에 따라 질투를 경험할 수 있는, 동일하게 진화한 역량을 가질 수 있기 때문이다. 이런 동일한 역량을 전제하더라도 부시의 설문조사 결과를 얻을 수 있는데, 상호관계를 위협하는 행동 형태에 대한 확립된 믿음이 작용하는 경우를 생각해볼 수 있기 때문이다. 실제로 여러 연구들이 보여주는 바는 두 성 모두, 남성이 여성보다 감정적 몰입 없이도 성교를 할 가능성이 높다는 사실을 폭넓게 받아들이고 있다는 것이다. 이런 믿음이 존재하는 상황에서, 남성은 여성보다 상대방의 성적 외도를 더 위협적인 것으로 받아들이게 될 텐데, 여성의 성적 외도에 감성적 몰입이 동반될 가능성이 더 크다고 볼 것이기 때문이다.

이런 대안적 가설은 진화를 거쳐 설계된 마음의 특성에 성차가 존재한다는 이론으로는 쉽게 이해되지 않는 사례를 어렵지 않게 설명해준다. 첫째, 동성애 남성은 이성애 여성에 비해 감정적 외도보다 성적 외도에 더 큰 분노를 느낄 가능성이 훨씬 적을 것이다. 그리고 집단으로서 동성애 남성도 이성애 남성이나 여성보다 성적 외도가 부부관계에 위협이 될 것이라고 믿을 가능성이 훨씬 덜할 것이다. 만약 두 성이 질투를 위한 동일한 역량을 공유한다면(상호 관계에 대한 인지된 위협의 정도에 따라 결정되는 성적 질투의 정도를 동반하여), 성적 외도를 위협으로 받아들이지 않는 동성애 남성의 경향성은 그들을 남성의 규범에서 벗어나게 할 것이다.

둘째, 여성 배우자의 성적 외도에 남성이 분노를 일으킬 것으로 예상되는 정도는 문화에 따라 상당히 다르다. 예를 들면 독일 남성의 4분의 1 정도만이 성적 외도가 감정적 외도보다 더 화를 돋운다고 보고한다. 흥미롭게도 부스와 그의 동료들은 스스로 독일 문화는 "미국 문화보다 혼외정사를 포함하여 성행위에 대해 보다 느슨한 태도"를 보인다고 보고했다. 따라서 독일 남성은 미국 남성보다 여성 배우자의 성적 외도가 관계에 위협적이라는 믿음이 덜 강해야만 하고, 따라서 미국 남성보다 성적 외도에 덜 낙담할 가능성이 커야만 한다. 다시 한 번, 만약 성적 질투심의 정도가 성적 외도를 관계에 대한 위협으로 받아들이는 정도의 함수라면 이런 문화적 차이는 바로 우리가 예상해야만 하는 바이다.

양성이 질투에 대해 동일한 정서적 기제를 공유하고 있으며 태도의 차이란 그 기제에 의해 전개되는 믿음의 차이에 따른 함수라는 생각에, 통속적 진화심리학이 저항하는 이유는 불분명하다. 통속적 진화심리학에 따르면, 많은 문화적 차이는 가변적 지역 환경에 반응하는 공통의 인간 본성에서 기원한다. 그럼에도 문화적 차이는 종종 통속적 진화심리학을 선정적인 이론으로 변모

시켰던 성 차이보다 더 심오하다. 만약 문화적 차이가 다른 투입 요소에 대응하는 공통의 본성에서 기인한 것일 수 있다면, 태도와 행위에서의 성 차이도 마찬가지로 그럴 수 있을 것이다.

소결론

인간의 심리가 일정한 적응 과정을 거쳐 진화했다는 우리 생각은 다윈의 영원한 유산 가운데 하나이다. 무엇보다도 인간의 뇌는 오늘날 어떤 내부 기관보다도 운영에 훨씬 더 많은 비용이 든다. 뇌는 무게가 신체의 2퍼센트를 차지할 뿐이지만 신체가 흡수한 에너지양의 18퍼센트를 소비한다. 뇌가 우리 진화의 역사에서 중요한 적응 기능을 수행하지 않았다면 그런 기관은 존재하지 않았을 것이다.

진화심리학에게 주어진 도전은 이런 보편적 사실에서 출발하여 심리를 형성해온 적응 과정의 세부 사항을 신뢰할 만한 증거를 통해 밝혀내는 것이다. 아쉽게도 우리가 살펴보았듯, 지난 200만 년 동안 우리 계통에서 적응의 과정을 설명해주는 데 필요한 증거는 거의 없는 실정이다. 심리는 물질화하기 쉬운 종류의 증거가 아니기 때문에 그런 증거는 어쩌면 영원히 우리에게서 이미 멀어져버렸을지 모른다. 인간 심리의 진화에 대해 우리가 결코 알 수 없거나 느슨하게 추론할 수밖에 없는 점들이 많다는 것은 냉혹하지만 분명한 사실이다.

물론 일부 추론은 다른 것들보다도 나쁘다. 그런 통속적 진화심리학은 심각한 오류에 빠져 있다. 우리 플라이스토세 역사를 추상적인 적응 문제로 나눠보고, 심리를 그 적응 문제에 대한 각각의 해결책으로 가정하고, 설문 지필 자료로 그런 가정을 뒷받침하는 방식으로는 우리 진화의 과거에 대해 더 많이 배울 수 있을 것 같지 않다. 진화심리학 분야는 더 나아질 필요가 있을 것이다. 하지만 최고로 나아지더라도, 우리 복잡한 인간 심리의 특성이 진화한 이유에 대한 지식은 결코 제공해줄 수 없을 것이다.

통속적 진화심리학은 우리 석기시대 조상들이 직면했던 적응 문제들(짝짓기와 자원을 위한 경쟁에 어떻게 대처할 것인가와 같은)이 마음의 설계에 대한 실마리를 제공해준다고 말한다.

하지만 우리 조상의 심리적 형질에 대한 지식이 없다면(우리에겐 그런 지식이 없다), 선택이 현재 우리 마음을 창조하기 위해 그런 형질들을 어떻게 주물럭거렸는지 알 도리가 없다.

통속적 진화심리학은 언어와 같이 인간 고유의 형질들이 진화했던 이유를 알거나 발견해낼 수 있다고 말한다.

하지만 어떤 형질이 진화했던 이유를 발견하기 위해서, 우리는 초기 인류에게 작용했을 적응 기능을 파악할 필요가 있다. 그것에 대해 우리는 거의 아무런 증거도 가지고 있지 않다.

통속적 진화심리학은 현대인이 석기시대의 심리에 정박해 있다고 말한다.

하지만 인간 심리는 농업의 시작과 도시 생활로 인해 발생한 급격한 변화에 적응해야만 했을 것이다. 인류는 석기시대 이후 생리적 변화를 겪어왔는데, 왜 심리적 변화는 겪지 않았을까?

통속적 진화심리학은 남성과 여성에게서 질투의 배경이 서로 다르다는 자신들의 주장을 뒷받침하는 확실한 증거를 심리학적 자료가 제공해준다고 말한다.

하지만 그 자료는 대체로 대답이 강요된 설문조사에 기초하고 있다. 그런 증거는 확증적일 수 없다. 예를 들면, 그런 설문조사는 여성과 남성이 질투에 대해 독자적 메커니즘을 진화시켜왔다는 생각을 뒷받침해줄 수 있는 확실한 토대를 제공해주지 못한다. 두 성 모두 동일한 메커니즘을 가지고 있는데, 상호관계에 대한 다른 형태의 위협에 직면하여 서로의 반응이 다른 것뿐일 수 있다.

3

이주와 식민지 건설

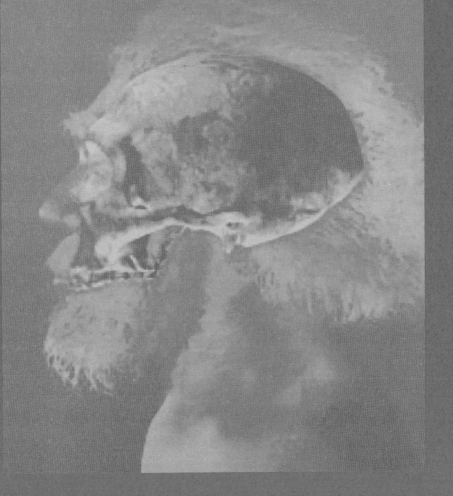

3-1 바다가 인류를 구했을 때

커티스 매리언

현재 70억 명에 육박하는 전 세계 인구를 생각할 때, 호모 사피엔스가 한때 멸종 위기 종이었다는 사실을 상상하기란 쉽지 않다. 그렇지만 현대인의 DNA 연구 결과는 과거 한때, 우리 조상이 갑작스런 인구 감소를 경험했음을 말해준다. 과학자들이 우리 종의 기원에서 멸종 직전까지의 정확한 시간표를 제시하고 있지는 못하지만, 화석 기록을 통해 우리 선조가 빙하기가 시작되기 전 아프리카 전역에서 탄생했다는 추측은 가능하다. 그 당시 기후는 온화했고 음식은 풍부했다. 삶은 괜찮았다. 그러나 19만 5,000년 전, 환경이 악화되기 시작했다. 지구는 대략 12만 3,000년 전까지 지속된 '해양 동위원소 6단계'(MIS6)로 알려진 긴 빙하기로 접어들었다.

　그 기간 동안의 아프리카 환경 조건에 대한 자세한 기록은 존재하지 않지만, 보다 최근에 알려진 빙하 단계들에 기초하여 기후학자들은 그 시기는 거의 확실하게 춥고 건조했으며 사막들이 현재 남아 있는 사막들보다 훨씬 더 확장되었을 것으로 추정한다. 육지 대부분의 지역에서는 거주가 불가능했을 것이다. 지구가 이런 빙하 체제의 손아귀에 들어간 동안, 많은 수의 사람이 위험에 처했다. 자식을 낳을 수 있는 사람이 1만 명 이상에서 단지 수백 명으로 줄어들 정도로. 정확히 언제 이런 병목현상이 일어났는지, 그리고 인구수가 얼마나 적었는지에 대한 추산은 유전자 연구마다 다르지만, 그 연구들 모두 오늘날 살아 있는 모든 사람은 지구 전체가 얼어붙은 그 기간 동안 아프리카의 한 지역에서 살았던 소규모 집단의 후손이라고 말해준다.

학자로서의 내 경력은 동아프리카에서 현생인류의 기원을 연구하는 고고학자로 시작되었다. 그러나 1990년대 초반에 유전학자들이 말하기 시작한 인구 병목현상을 알게 된 후 내 관심은 바뀌었다. 인류는 오늘날 인구 규모와 지리적 분포가 훨씬 적은 다른 많은 종과 비교해서도 유전적 다양성이 대단히 낮은 편이다. 이것은 초기 호모 사피엔스에게 인구 격감이 출현했었다는 가설로 가장 잘 설명되는 현상이다. 나는 궁금했다. 기후 파국의 조건 속에서 우리의 조상은 과연 어디에서 간신히 살아남을 수 있었을까? 한 줌도 안 되는 좁은 지역에서만 수렵채집인 집단의 생존을 보장해줄 정도의 자연 자원이 남아 있었을 것이다. 고인류학자들은 과연 어떤 지역이 이런 조건에 맞는 이상적인 곳이냐를 두고 소리 높여 다퉜다. 내게는 일 년 내내 조개류와 식용 작물이 풍부한 아프리카 남부 해안이야말로 고난의 시기에 특별히 좋은 피난처였을 것으로 보였다. 1991년, 나는 그곳으로 가서 빙하시대 6기의 유해를 품고 있는 현장을 답사하기로 마음먹었다.

그 해안 지역에서 나는 나름 용의주도하게 연구를 시작했다. 우선 어패류에 접근이 쉬운 고대의 해안선에서 충분히 가까우면서도, 12만 3,000년 전에 기온 상승에 따른 해수면 상승으로 매장물이 씻겨 사라져버리지 않을 만큼 충분히 높았을 지대를 목표로 삼아야 했다. 1999년, 나는 남아프리카 동료인 피터 닐센과 함께 모셀베이 근처이면서 인도양으로 돌출된 곳, 피나클포인트에서 그가 점찍어둔 몇 개의 동굴들을 탐사하기로 마음먹었다. 깎아지른 벽면을 기어 내려가다가 우리는 특별히 전망이 있어 보이는 한 동굴(단순하게 PP13B로 알려진)과 마주쳤다. 동굴 입구 근처에 있는 퇴석물 침식 덕분에 난로와 석기 도구들을 포함한 고고학 유물층이 선명하게 드러나 있었다. 더욱 바람직한 것은, 모래 언덕과 석순이 층층이 이런 인간 활동의 잔해를 뒤덮고 있었다는 점이다. 이는 그 유물이 꽤 오래되었음을 말해주고 있었다. 이런 모든 사정을 고려할 때, 우리는 그야말로 대박을 친 셈이었다. 그다음 해, 지역의 타조 농부가 그 현장에 보다 안전하게 접근할 수 있도록 우리에게 180단의 나무 계단을 만들어준 후, 우리는 본격적인 발굴에 나설 수 있었다.

이후 PP13B와 근처 다른 유적지에서 우리 팀이 진행한 발굴을 통해, 대략 16만 4,000년 전에서 3만 5,000년 전 사이 이 지역에 거주했던 사람들이 수행했던 획기적인 활동 기록들이 밝혀졌다. 그 기간은 병목현상을 거쳐 인구가 다시 회복하기 시작한 이후였다. 이런 동굴들에 있는 매장물을 통해(그곳 고대 환경의 분석과 결합하여) 우리는 피나클포인트의 선사시대 거주민들이 모진 기후의 위기 동안 어떻게 근근이 목숨을 부지할 수 있었는지에 대해 가능할 법한 설명을 짜 맞출 수 있었다. 유물들은 인지적 현대성은 해부학적 현대성이 갖춰진 이후 오랫동안 진화해온 결과라는 통념이 사실이 아님을 보여주었다. 즉 고고학적으로 가장 오래된 PP13B의 유물에서도 행동 양식의 정교함에 대한 증거는 이미 풍부했다. 이렇게 발전된 지성은 의심할 바 없이 종의 생존에 크게 기여했을 것이다. 그 덕분에 우리 선조는 해안가에서 구할 수 있는 자원을 확보할 수 있었을 것이다.

대륙의 다른 곳에서는 호모 사피엔스 집단이 사냥과 채집의 대상인 동물과 식물이 추위와 가뭄으로 사라지면서 죽음을 면치 못했던 시기 동안, 피나클포인트의 행운의 거주자들은 열악한 기후에도 불구하고 그곳에서 번창했던 해산물과 탄수화물 풍부한 식물들을 즐기고 있었다. 빙하시대 6기가 비교적 따뜻한 시절과 더 추운 시절을 반복함에 따라서 해수면도 오르내렸고, 고대의 해안선도 전진과 후퇴를 반복했다. 그러나 인류는 해안선과 일정한 거리를 유지하는 한 은혜로운 하사품에 접근할 수 있었을 것이다.

해변의 풍요의 뿔

생존의 관점에서, 아프리카 남단을 매력적으로 만든 것은 그곳의 고유한 식물과 동물의 조합이다. 그곳에서는 규모에 비해 세계 최고의 생물 다양성을 지닌 좁고 긴 땅이 해안선을 품고 있다. 케이프 식물보호구역으로 알려진 9만 제곱킬로미터의 좁고 긴 땅에는 무려 9,000종의 식물이 서식하고 있는데, 그 중 64퍼센트는 그곳에서만 살고 있다. 실제로 케이프 식물보호구역의 중심에 있는 케이프타운 위로 솟은 유명한 테이블 산에는 영국 전역에 서식하는 종보다 더 많은 식물 종이 살고 있다. 이 구역에서 자라는 초목 집단 중에서, 가장 널리 퍼져 있는 두 가지로 핀보(fynbo)와 레노스테르벨트(renosterveld)가 있다. 이들은 주로 관목 지대를 이루고 있다. 뒤지개(땅을 파는 막대기)로 무장한 인간 약탈자에게, 그 식물들은 유용한 일용품이 되어주었다. 이런 집단 속에서 식물들은 세계에서 가장 큰 지중식물, 즉 괴경(덩이줄기), 구근(알뿌리), 구경(알줄기) 등과 같은 지하 에너지 저장 기관의 다양성을 낳았다.

지중식물은 여러 이유로 현대의 수렵채집인에게도 중요한 식량의 원천이다. 지중식물에는 많은 양의 탄수화물이 포함되어 있고, 한 해의 비교적 일정한 시기에 탄수화물을 최대로 머금고 있다. 지상 과일인 견과 및 씨앗과는 달리, 그들의 약탈자는 거의 없다. 케이프 식물보호구역을 지배하고 있는 구근과 구경 식물은 매력적 요소가 더 있는데, 섬유질이 많은 다른 많은 지중식물과는 달리 에너지가 풍부한 탄수화물 양에 비해 섬유질이 적어서 어린아이도 더 쉽게 소화할 수 있다는 점이다(요리는 소화력을 더욱 향상시킨다). 그리고 지중식물은 건조한 환경에 적응하였으므로, 건조한 빙하기 동안에도 이용이 어렵지 않았을 것이다.

남부 해안은 대형 포유류를 사냥할 수 있는 최고의 장소는 아니지만 뛰어난 단백질 제공 원천이 되어주었다. 앞바다에는 벤구엘라 용승(Benguela upwelling)에서* 기원하는 영양분이 풍부한 한류와 아굴하스(Agulhas) 난류가 충돌하면서 남부 해안을 따라서 한류와 난류의 조류 혼합 지대가 형성된다. 이처럼 변화무쌍한 해양 환경은 바위 조간대와** 다양한 어패류가 조밀하게 깔려 있는 모래 해변 바닥에 영양분을 제공해준다. 어패류는 단백질과 오메가3 지방산이 풍부한 매우 질 높은 식량원이다. 그리고 지중식물과 마찬가지로, 빙하기

*수심 200~300미터에 해당하는 중층(中層)의 찬 바닷물이 해면으로 솟아오르는 현상. **만조 때의 해안선과 간조 때의 해안선 사이의 부분. 만조 때에는 바닷물에 잠기고 간조 때에는 공기에 드러난다.

추위에도 어패류의 개수는 줄어들지 않았다. 오히려 해양 온도가 낮아지면서 어패류는 크게 번식했다.

생존 기술

조개류의 칼로리 높고 영양 풍부한 단백질과 지중식물의 저(低)섬유 고(高)에 너지 탄수화물 조합이 갖춰짐으로써, 남부 해안은 빙하시대 6기 동안 초기 현 생인류를 위한 이상적인 식생활을 제공해주었을 것이다. 더욱이 여성은 두 종 류의 자원을 모두 자급할 수 있었다. 이로써 남성에게 의존하지 않고 자신과 아이들에게 질 높은 음식을 제공할 수 있었다. 그 지역의 오래되지 않은 답사 지가 지중식물 섭취에 대한 광범위한 증거를 포함했음에도 불구하고, 우리는 PP13B의 거주민들이 지중식물을 먹고 있었다는 증거를 발굴해내야만 했다. PP13B와 같이 오래된 답사지에는 생명체 잔해가 거의 보존되어 있지 않다. 그러나 우리는 그들이 어패류를 먹고 있었다는 명백한 증거를 찾아냈다. 바 르셀로나 대학교의 안토니에타 제라르디노가 진행한 답사지 발굴 작업에서 발견된 조개류에 대한 연구는 사람들이 해변에서 갈색 홍합과 알리크레우켈 (alikreukel)이라 불리는 지역의 바다고둥을 모으고 있었음을 보여준다. 그들 은 이따금씩 바다표범과 고래와 같은 해양 포유류도 먹었다.

지금까지 인류가 체계적으로 해양 자원을 사용한 사례 가운데 가장 오래된 것은 지금으로부터 12만 년을 넘어서지 않았다. 그러나 이스라엘 지질조사국 의 미리암 바매슈스와 호주 울런공 대학교의 제노비아 제이컵스가 수행한 연대 분석에 따르면, PP13B 사람들은 그보다 훨씬 이전부터 바닷가에 살고 있었다. 즉 2007년 우리가 《네이처》에 보고했듯, 그곳에서 해양 식량 구하기는 놀랍게도 16만 4,000년 전으로 거슬러 올라간다. 11만 년 전경에 이르면, 메뉴는 꽃양산조개와 모래홍합 같은 종에 이르기까지 확장된다.

이런 식의 식량 구하기는 보기보다 어렵다. 홍합, 꽃양산조개, 바다고둥은 변덕스런 조간대의 암석 지대에 살고 있는데, 부주의한 채집인은 썰물 때문에 그곳에서 위험에 빠지기 쉽다. 남부 해안을 따라서 충분한 보상을 보장하는 안전한 수확은 봄철의 썰물 동안에만 가능한데, 이때 태양과 달이 일렬로 늘어섬으로써 최고의 중력이 발휘되어 조수간만의 차가 최고치에 달한다. 조류는 달의 상태 변화와 연동되어 있고 날마다 50분씩 빨라지므로, 나는 PP13B(16만 4,000년 전에는 해수면이 낮아서 지금보다 바다에서 2~5킬로미터 떨어진 내륙에 위치해 있었다)에 살았던 사람들이 음력과 같은 종류의 역법을 이용해서 해변 여행에 대한 스케줄을 짰을 것이라 추측한다. 현재의 해안 주민도 여러 세대 동안 그렇게 해왔던 것이 내 추측의 타당성을 뒷받침한다.

16만 년 전 피나클포인트에서 발굴된 증거를 통해 볼 때, 어패류의 수확만이 유일하게 앞선 행동 양식은 아니었다. 석기 도구 중에는 너무 작아서 손으로 휘두를 수 없는 상당한 수의 "돌손칼"(폭보다 두 배가 긴 얇은 돌조각)이 있다. 모양새로 봤을 때 돌손칼은 나무 손잡이에 고정하여 투사틀만 무기로 사용했을 것 같다. 복잡한 도구 제작은 상당한 기술의 징표이고, PP13B에 있는 돌손칼은 그런 종류에서 가장 오래된 표본이다. 그러나 우리는 곧 이런 작은 도구들이 우리 생각보다 훨씬 더 복잡하다는 것을 알게 되었다.

남아프리카 해안 지대의 고고학 답사 현장에서 발견된 대부분의 석기 도구들은 그 재료가 석영이었다. 석영처럼 거친 알갱이로 이루어진 암석은 커다란 박편(flakes)을 만드는 데는 좋은 재료이지만, 작고 정교한 도구 제작에는 어울리지 않는다. 사람들은 경반(silcrete)이라 불리는 고운 알갱이의 암석을 사용하여 돌손칼을 제조했다. 우리 팀의 석기 도구 박편 제조 전문가로서 지금은 케이프타운 대학교에 있는 카일 브라운이 발견해낸 것처럼, 고고학적 경반에는 뭔가 이상한 점이 있었다. 브라운은 해안 전체에 걸쳐 몇 년 동안 경반을 수집한 후, 경반의 원재료 모습 그대로라면 피나클포인트와 다른 곳에서 출토된 경반으로 만들어진 도구에서 나타나는 붉은색과 회색 광택은 결코 가능하지 않다는 결론을 내렸다. 더욱이 원재료 경반으로는 돌손칼의 형태를 만드는 것 자체가 사실상 불가능한 것으로 드러났다. 우리는 궁금하지 않을 수 없었다. 도구 제작자들은 도대체 어디에서 그렇듯 품질 좋은 경반을 구할 수 있었던 것일까?

이 질문에 대한 가능한 대답은 피나클포인트 동굴 PP5-6에서 왔다. 2008년 어느 날, 그 동굴에서 우리는 잿더미 속에 파묻힌 커다란 경반 조각을 발견했다. 그것은 그 지역 다른 고고학 매장물에서 발견된 경반에서 볼 수 있는 것과 똑같은 색깔과 광택을 띠고 있었다. 재와 돌의 조합을 보고 나서, 우리는 스스로에게 고대의 도구 제작자들이 작업을 더 쉽게 하려고 경반을 불에 쪼였던 것은 아닐까 하고 물었다. 이것은 북아메리카와 오스트레일리아 원주민을 대상으로 한 민속지 설명 속에서 기록으로 남아 있는 전략이다. 확인을 위해 브라운은 천연 상태의 경반을 조심스럽게 "구운" 다음 깨뜨려보았다. 놀라울 정도로 박편이 잘 만들어졌고, 박편의 표면에서 우리 답사지에서 출토된 유물에 보이는 것과 같은 광택이 새어 나왔다. 따라서 우리는 석기시대 경반도 열처리를 거쳤다고 결론 내렸다.

우리 동료들이 이 놀라운 주장을 받아들이도록 만들기 위해 우리는 힘겨운 전투를 마주해야 했다. 고고학의 기본 복음에 따르면, 프랑스의 솔뤼트레인(人)이 2만 년 전쯤에 열처리법을 발명하여 아름다운 도구를 만들었기 때문이다(16만 년과 2만 년의 차이에 주목할 것-옮긴이). 우리 사례의 신빙성을 강화하기 위해서, 우리는 세 가지 독자적 기법을 사용했다. 보르도 대학교의 샹탈 트리볼로는 피나클포인트에서 출토된 경반으로 만들어진 도구들에 의도적으로 열이 가해졌는지를 판단하기 위해 열 발광 분석을 수행했다. 그런 다음 호주에 있는 뉴사우스웨일즈 대학교의 앤디 헤리스는 자기화율을* 채택했는데, 그 기법은 암석이 자성을 띠는 능력의 변화를 조사하는 것이다. 이것은 철이 풍부한 암석 *물질의 자기화의 세기와 자기장 세기의 비율. 에서 열 노출에 대한 또 다른 지표로 작용한다. 마지막으로 브라운은 가열과 박편화 이후에 개선된 광택을 측정하고, 그것을 자신이 만든 도구의 광택과 비교하기 위해 광택계를 사용했다. 우리의 연구 결과는 2009년《사이언스》에 실렸다. 의도적 열처리가 7만 2,000년 전쯤에 이르면 피나클포인트에서는 지배적 기술로 자리 잡았는데, 그곳 사람들이 간헐적으로 그 기술을 채택한 것까지 고려하면 최대한 16만 4,000년 전까지 충분히 거슬러 올라갈 수 있을 것으로 추정된다.

열처리 공정은 그들이 두 가지 점에서 현생인류의 인지능력을 지녔음을 입증해준다. 첫째, 사람들은 자신들이 원재료를 유용하게 만들기 위해 그것을 근본적으로 변화시킬 수 있음을 자각했다. 이 경우에는 열을 가함으로써 암석의 성질을 개조했는데, 그것은 곧 품질이 나쁜 암석을 고품질의 재료로 바꿔놓은 것을 의미했다. 둘째, 그들은 연쇄적인 공정 과정을 발명하고 실행에 옮길 수 있었을 것이다. 경반으로 제조된 돌손칼은 신중하게 설계된 복잡한 일련의 단계를 밟은 결과물이다. 즉 경반을 구울 수 있는 모래 구덩이를 파고, 서서히 불을 가해서 섭씨 350도까지 올리고, 온도를 일정하게 유지한 다음 천천히 떨어뜨려야 한다. 연쇄적 공정을 창조하고 실행에 옮기고, 그 기술을 다음 세대로 물려주기 위해서는 아마도 언어가 필요했을 것이다. 이런 능력들은 일단 확립되면 우리 조상이 아프리카에서 전 세계로 퍼져나가면서 조우했던 고대 인간종을 능가하는 데 큰 도움을 주었을 것이다. 특히 피나클포인트에서 탐지된 복잡한 열 기술은 초기 현생인류가 네안데르탈인의 추운 땅으로 들어섰을 때 독보적인 장점을 안겨주었을 것이다. 네안데르탈인들에게는 이런 기술이 없었던 것으로 보인다.

출발부터 영리한

피나클포인트의 선사시대 거주민들은 기술적 조예에 더해 예술적 재주도 뛰어났다. 우리 팀은 PP13B의 연속 지층 중 가장 오래된 지층에서 다양하게 조각된 수십 개의 붉은 황토색(산화철) 조각품과 고운 가루를 생산해낸 땅을 발굴해냈다. 고운 가루는 몸이나 다른 표면에 칠할 수 있는 물감을 만들기 위해 동물 지방과 같은 접합재와 혼합되었다. 그런 장식들에는 주로 사회적 정체성이나 다른 중요한 문화적 측면에 대한 정보가 담겨 있다. 즉 그것들은 상징적이다. 많은 동료들과 나는 이런 물감의 원료인 황토는 기록에 나타난 상징적 행위를 명료하게 보여주는 최초의 사례에 해당하며, 따라서 그런 행위의 기원을 수만 년 전으로 되돌린다고 생각한다. 상징적 활동들에 대한 증거는 순서상 늦게 나타난다. 11만 년 전쯤으로 거슬러 올라가는 매장물에는 붉은 황토와 어패류가 포함되어 있다. 어패류는 그들의 심미적 매력 때문에 수집된 듯하다. 당시 어패류는 심해에 있는 자신들 본거지에서 해안으로 떠내려왔는데, 어떤 조갯살도 그렇게까지 오랫동안 온전하게 남아 있기란 어려웠을 터이다. 나는 이런 장식용 어패류들이 해양 먹이 구하기에 대한 증거와 더불어 인류가 세계관과 의식(儀式) 속에 최초로 바다를 분명한 신봉 대상으로서 새겨두기 시작했음을 알려준다고 생각한다.

피나클포인트에서 상징주의와 정교한 기술 양자 모두를 통해 나타나는 조숙한 표현은 우리 종의 기원을 이해하는 데 주요한 함의를 지닌다. 에티오피아에서 출토된 화석들은 해부학적으로 현생인류가 최소한 19만 5,000년 전부터 진화해왔음을 보여준다. 그렇지만 현대적 마음의 출현은 확정하기가 더 어렵다. 고인류학자들은 인지적 현대성의 존재와 범위를 파악하려는 목적으로 고고학 기록에서 다양한 대용물을 사용한다. 별로 관련이 없어 보이는 현상들, 창의성을 요구하는 일련의 생산 과정(도구 제작을 위한 암석의 열처리와 같은)과 기술을 거쳐 만들어진 인공물들이 하나의 대용물이다. 예술이나 다른 상징적 활동의 증거도 또 다른 대용물인데, 달의 변화를 통한 시간의 탐지가 이런 경우에 속한다. 여러 해 동안 이런 행위의 최초 사례들은 모두 유럽에서 발견되었고 그 시기는 4만 년 전으로 추정된다. 그런 기록에 기초하여 연구자들은 우리 종의 기원과 그들의 유례없는 창조성의 출현 사이에 오랜 지체가 있었다는 결론을 내렸던 것이다.

하지만 지난 10년 동안, 남아프리카의 여러 현장에서 일하는 고고학자들은 유럽의 비교 대상들에 비해 전혀 뒤처지지 않은 정교한 행위의 사례들을 발견했다. 예를 들면 남아프리카에서 일하고 있는 고고학자 이안 와츠는 12만 년 전으로 거슬러 올라가는 오래된 현장에서 수백에서 수천 개에 달하는 가공된 것과 가공되지 않은 황토 조각들을 발견한 바 있다. 그 지역의 광물들은 일정한 색조를 띠고 있었음에도 불구하고 피나클포인트에 있는 조각들은 물론 그 황토도 붉은색을 띠고 있었다는 사실이 시사하는 바는 매우 흥미롭다. 아마도 인류는 붉은 조각을 선호하여 그런 조각을 집중적으로 끌어모았던 것 같다. 붉은색을 월경 및 다산과 연관 지었을 가능성이 커 보인다. 애리조나 주립대학교의 박사과정 학생 자슬린 베르나체는 이런 많은 황토 조각들이 원래는 노란색이었는데 열처리를 거쳐 붉은색으로 바뀌었다고 보았다. 피나클포인트에서 서쪽으로 100킬로미터가량 떨어진 곳에 위치한 블롬보스 동굴에서, 노르웨이 베르겐 대학교의 크리스토퍼 헨실우드는 체계적으로 새겨진 황토 조각들, 바다고둥으로 만든 목걸이, 정교한 뼈 도구 등을 발견했는데, 이 모든 것들은 그 제작 시기가 7만 1,000년 선경으로 거슬러 올라간다.

피나클포인트에 있는 현장과 함께 이 현장들은 현대적 인지 발달이 우리 계통에서 늦게 진화했다는 주장에 문제가 있음을 보여주고, 그 대신 우리 종이 그 시작 단계부터 이런 재능을 지녔음을 말해주고 있다.

나는 이런 복잡한 인지의 진화에 작용했던 원동력이 건조한 환경에서 많은 식물 종의 위치와 계절 변화를 마음속에 그려낼 수 있고 이런 축적된 지식을 자손과 다른 집단 구성원에게 전달할 수 있는 우리 조상의 능력을 촉진하는 강력하고 장기적인 선택이었다고 생각한다. 인지능력은 다른 많은 발전들의 토대로 작용했다. 가령 달의 상태와 조류 사이의 관계를 포착하는 능력과 그에 따라서 해안으로의 조개잡이 여행 계획을 짤 수 있는 능력 등을 생각해볼 수 있다. 손쉽게 이용할 수 있는 어패류와 지중식물이 고품질 식생활을 뒷받침해줌으로써 사람들은 덜 떠돌아다녀도 괜찮았고, 그 결과 출생률은 증가하고 유아 사망률은 줄어들었을 것이다. 이런 변화에 따라 집단 규모가 거대해지면서 인류는 자신들의 사회적 정체성을 표현하고 서로 다른 기술을 연동해보려는 노력 속에서 상징적 행위와 기술적 복잡성을 촉진했을 것이다. 그 결과 우리가 PP13B에서 그렇게 정교한 실천들을 볼 수 있었던 것이다.

선원이 되다

PP13B는 변화하는 직업에 대한 장기간에 걸친 기록을 보존하고 있다. 우리 팀이 얻었던 지역의 기후 및 환경 변화에 대한 구체적인 기록과 더불어, 그 기록은 우리의 조상들이 수천 년 동안 동굴과 해변을 어떻게 이용해왔는지를 드러내준다. 현재 애리조나 주립대학교에 있는 에릭 피셔는 시간의 경과에 따른 고대의 해안선을 모델링함으로써, 아굴하스 대륙붕(남아프리카의 해안선 밖의 완만하게 경사진 길고 폭이 넓은 대륙붕) 덕분에 환경이 빠르고 급격하게 변했다는 사실을 보여준 바 있다. 해수면이 낮아진 빙하기 동안 이 대륙붕의 상당 부분이 노출되었을 테고, 그에 따라 피나클포인트는 바다로부터 95킬로미터에 이르는 상당히 떨어진 거리에 위치하게 되었을 것이다. 그러다가 기후가 따뜻해져서 해수면이 상승하면 아굴하스 대륙붕이 다시 바다에 잠기는 바람에 동굴은 또다시 해변 가까운 곳에 놓이게 되었을 것이다.

석순에서 나온 기록들(35만~5만 년 전에 걸쳐 있는)과 피셔의 팔레오스케이프 모델(paleoscape model)에서의 강우 및 식생 패턴으로 판단했을 때, 나는 해안선이 후퇴함에 따라 지중식물이 풍부한 평원이 드러났고, 지중식물과 어패류를 지근거리에서 이용할 수 있게 되었다고 생각한다. 또한 나는 거대 포유류들이 평원을 가로질러 이주했다고 생각한다. 그런 이동은 거주자들에게 지중식물과 어패류에 더해 제3의 풍부한 식량원을 제공해주었을 것이다. 인구밀도가 낮아졌던 이 기간에 사람들은 간섭 받지 않은 채 가장 좋아 보이는 땅을 찾아 떠날 수 있었을 텐데, 그 땅은 지중식물과 어패류의 교차점이었을 것이다.

따라서 나는 그들이 선원이 되었을 것으로 추측한다. 자원을 쫓는 여정은 왜 PP13B가 간헐적으로 점유되었던 곳처럼 보이는지를 설명해줄 것이다.

오르내리는 해안선을 그림자처럼 쫓는 PP13B 발굴 과정에서 우리는 지구상 모든 이들의 조상이 되었을 가능성이 꽤 높은 사람들의 일면을 엿보았다. 만약 그들의 존재가 분명 해안과 연관되어 있다면, 선조 집단의 가장 풍부한 기록은 아굴하스 대륙붕 아래에 묻혀 있을 것이다. 그곳은 현재 대형 백상어와 위험한 조류의 보호를 받으며 가까운 시일 내에 발견되기를 기다리고 있다. 그렇지만 PP13B와 같이 현재 해안가에 있는 발굴 현장들과 현재 우리가 발굴 중인 PP5-6과 같은 또 다른 발굴 현장을 조사함으로써도, 우리는 인류가 선원이 되었다는 가설을 검토할 수 있다. 또한 우리는 대륙붕의 급경사로와 해변이 항상 가까웠던 곳을 연구할 수도 있을 것이다. 내 동료들과 나는 현재 이 연구를 시작하고 있다.

상당한 규모로 지속적으로 아프리카 밖으로 나가는 현생인류의 첫 번째 이주 물결은 대략 5만 년 전에 일어난 것으로 알려졌는데, 유전자 및 화석, 고고학의 기록들은 상당히 일치된 결과를 보여주고 있다. 그런 탈출을 촉발했던 사건들을 둘러싼 질문들은 여전히 남아 있다. 우리는 빙하시대 6기가 끝났을 때 아프리카에 남아 있는 호모 사피엔스 집단이 단 하나에 불과했는지 여럿이었는지(궁극적으로는 오늘날 살아 있는 모든 인간을 낳게 했던 하나의 집단을 포함하여) 알지 못한다. 그런 미지(未知)는 우리 팀과 다른 팀에게 예측 가능한 미래를 위한 매우 분명한 연구 방향을 제공해주고 있다. 즉 우리는 아프리카에서 그 빙하기 동안 있었을 법한 선조의 또 다른 거주지를 현장 작업의 목표로 삼을 필요가 있다. 그리고 빙하기 직전의 기후 환경에 대한 우리 지식을 확대할 필요가 있다. 우리는 결국 자신의 은신처를 박차고 나와서 아프리카 대륙을 가득 채우고, 전 세계의 정복에 나섰던 이 사람들의 이야기를 보다 구체화할 필요가 있는 것이다.

3-2 먼 과거의 흔적들

게리 스틱스

오사마 빈 라덴의 배다른 형제가 경영하는 한 개발회사는 한때 인도양을 향한 홍해의 하구인 바브엘만데브 해협을 가로지르는 다리를 건설하자는 아이디어를 제시한 바 있다. 이 야심찬 프로젝트가 현실화되었다면, 한 무리의 아프리카 순례자들은 세상에서 가장 긴 다리 중 하나를 가로질러 메카를 향할 수 있었을 것이다. 그 길은 인간의 역사에서 가장 기억에 남을 만한 여행길의 상공에 놓였을 뻔했다. 6만~5만 년 전, 소규모 집단의 아프리카인들(수백에서 수천 명)이 작은 배를 타고 해협을 가로지른 다음, 결코 돌아오지 않았을 길이다. 그것이 바로 현생인류가 최초로 아프리카를 떠난 사건에 대한 하나의 가설이다. 배를 타고 건넌 여행을 대체하는 설명은 이들 임시 체류자들이 해안선을 따라 위쪽으로 이동한 후에 시나이 반도를 통해 아프리카를 빠져나갔다는 것이다.

탈출로가 바다이든 땅이든, 이 여행자들이 동아프리카에 있는 자신들의 고향을 떠났던 이유는 완전히 이해되지 않고 있다. 어쩌면 기후가 변했거나, 한때 풍부했던 어패류 무리가 사라져버렸기 때문일 것이다. 한편 일부 사실들은 꽤나 확실하다. 최초로 아프리카를 빠져나간 고단한 이주자들은 현생인류를 온전히 특징짓는 물리적이고 행위적인 형질들(큰 뇌와 언어 사용 능력)을 함께 동반하고 있었다. 현재 예멘에 해당하는 아시아 대륙에 있는 그들의 야영지에 대한 정보로 볼 때, 그들은 1만 년에 걸친 여행을 통해 각 대륙으로 퍼져나갔고, 육교를 건너면서 남아메리카의 최남단인 티에라델푸에고에 도달했던 것으로 보인다.

물론 과학자들은 부지런히 발굴되는 화석화된 뼈나 창끝 덕분에 그들의 방랑에 대한 통찰력을 얻고 있다. 그러나 고대로부터 온 유물은 너무나 드물어서 이 먼 역사에 대한 완벽한 그림을 거의 제공해주지 못하고 있다. 지난 25년 동안, 집단유전학자들은 현생인류의 최초의 이주를 두고 유전자의 빵 부스러기 궤적을* 그려냄으로써 고인류학 기록에 존재하는 간극들을 메우기 시작했다.

*헨젤과 그레텔이 빵 부스러기를 떨어뜨렸다는 이야기와 관련하여 '역추적'을 의미하는 비유이다.

우리의 DNA 거의 모두(인간 유전체를 이루고 있는 30억 개의 "문자들" 또는 뉴클레오티드들 중 99.9퍼센트)가 사람마다 동일하다. 그러나 서로 뒤엉킨 가운데 마지막 0.1퍼센트에서 도저히 숨길 수 없는 차이가 발생한다. 말하자면 동아프리카인과 아메리카 원주민 사이의 유전자 비교를 통해, 인간의 가계도와 대륙과 대륙으로 이어진 식민지 개척의 거침없는 전진에 대한 중요한 단서를 포착할 수 있다. 최근 몇 년까지 아버지에게서 아들로 또는 어머니에게서 그 자식들로 유전된 DNA는 유전학자들을 위한 화석 발자국처럼 여겨졌다. 최신 연구에서는 과학자들이 초점을 조정하여 소수의 고립된 DNA 조각을 넘어서서 전체 유전체 곳곳에 흩어져 있는 수십만 개의 뉴클레오티드들을 조사하면서 시야를 넓히고 있다.

광역 스캐닝을 통해 전례 없는 해상도를 지닌 글로벌 이주 지도가 만들어질 수 있었는데, 그중 일부는 최근 몇 년 사이에 출판되었다. 그 연구로 현생

인류의 기원이 아프리카에 있었음이 증명되었고, 그 대륙이 유전 다양성의 저
장고로서 어떻게 기여했는지를 보여주었다. 그 저장고에서 세계의 나머지 지
역으로 흩어졌던 것이다. 그 뿌리가 아프리카의 산(San)족과 함께 시작된 유
전적 계통수는 가장 어린 가지에 해당하는 남아메리카 인디언들과 태평양의
섬사람들에게서 끝을 맺고 있다.

　인간 유전자 변이에 대한 연구(일종의 역사적 글로벌 위치 시스템)는 제1차 세
계대전으로 거슬러 올라간다. 당시 그리스의 도시 테살로니키에서 일하던 두
내과 의사는 그곳에 주둔했던 병사들이 국적(민족)에 따른 혈연집단마다 발병
률이 다름을 발견했다. 1950년대 초기, 루이기 루카 카발리스포르자는 구분
되는 혈연집단의 단백질을 조사함으로써 인구들 사이의 유전적 차이에 대한
연구를 공식화하기 시작했다. 단백질의 차이는 그것의 유전암호를 담고 있는
유전자에서의 차이를 반영한다.

　그 후인 1987년, 레베카 캔과 앨런 윌슨(그 당시에 둘 모두 캘리포니아 대학교
버클리 캠퍼스에 있었다)은 미토콘드리아의 DNA 분석 결과를 바탕으로 획기적
인 논문을 출판했다. 미토콘드리아는 세포의 에너지 생산 기관으로, 그 유전
자는 모계를 통해서만 유전된다. 그들은 서로 다른 인구 집단 출신의 사람들
이 20만 년 전쯤에 살았던 아프리카의 한 여성에게서 유전되었다고 보고했
다. 이 발견은 즉시 "미토콘드리아 이브"의 발견이라는 헤드라인을 통해 떠들
썩하게 알려졌다(성경의 암시에도 불구하고, 이 이브는 최초의 여성은 아니었다. 물
론 살아남은 것은 그녀의 계통이 유일하지만 말이다).

이브에 대한 모든 것

빠르고, 비교적 예측 가능한 속도의 "중립적" 미토콘드리아 돌연변이(해롭지도 도움을 주지도 않는 돌연변이)는 그 기관을 분자시계와 같이 작동하도록 해준다. 두 집단 또는 계통 사이의 돌연변이 횟수의 차이를 셈으로써, 연구자들은 공동 조상(미토콘드리아 이브 또는 새로운 계통에서 발견되는 또 다른 여성)으로 거슬러 올라가는 유전적 나무를 구성할 수 있다. 서로 다른 지역에 존재하는 계통의 연대 비교를 통해, 인간 이주의 시간표를 구축할 수 있는 것이다.

1987년 이후, 인간 다양성에 대한 자료 은행은 Y염색체(오직 남성에 의해 자신의 아들에게만 전해지는 성염색체)를 포괄할 수 있을 정도로 확대되었다. 남성에 의해 전달되는 DNA는 미토콘드리아 DNA보다 더 많은 뉴클레오티드(16만 개에 불과한 것과는 달리 수천만 개)를 운반하고 있는데, 이로 인해 한 인구 집단을 다른 집단에서 구분해낼 수 있는 탐구자의 역량을 크게 향상시켜준다. 인간 집단에서 얻은 미토콘드리아 DNA와 Y염색체 DNA의 분석을 통해, 수백 개의 유전자 마커(특별한 계통으로 특화된 것으로 파악할 수 있는 돌연변이가 일어난 DNA 선상의 위치)를 찾아낼 수 있었다.

수만 년에 걸쳐 아프리카에서 남북아메리카로 나아갔던 인류의 이동 경로를 이제는 마치 여행자들이 비록 엄청나게 느리지만 서로 연결된 일련의 초고속도로 위에서 움직이는 것처럼 지도상에서 추적해낼 수 있다. I-95처럼 알파벳과 숫자의 조합으로 이루어진 경로 표지는 알파벳-숫자 조합의 유전자 마커로 다시 고쳐 쓸 수 있다. 예를 들면 Y염색체의 경우, 고속도로 (유전자

마커) M168 선상에 있는 바브엘만데브를 건너면, 그곳에서 고속도로는 M89
로 이어져서 아라비아 반도를 관통하여 북쪽으로 나아간다. 그리고 M9에서
오른쪽으로 방향을 틀고, 메소포타미아와 그 너머를 향해 나아가기 시작한다.
일단 힌두쿠시 북쪽 지역에 도착하면, 왼쪽으로 방향을 틀어서 M45로 접어든
다. 시베리아에서 오른쪽으로 방향을 틀어 결국에는 알래스카의 육교를 횡단
할 때까지 M242를 따라서 계속 나아간다. 이어서 M3을 선택하여 남아메리카
로 나아간다.

　미토콘드리아 DNA와 Y염색체 DNA는 강력한 분석 수단을 남겨놓았다. 내
셔널지오그래픽 협회, IBM, 웨이트패밀리재단 등은 주로 이런 수단을 이용하
는 데 기여하는 민간 재원의 연구에 참여했다. 10개의 지역 학술 기관들 도움
으로 소위 유전학 프로젝트(Genographic Project)가 시작되었는데, 현재까지
전 세계 50만 명 이상의 사람들로부터 DNA를 수집했으며, 여기에는 약 7만
5,000명의 원주민들도 포함되어 있다. "우리가 초점을 맞추는 것은 사람들이
어떻게 여행을 했는지에 대한 구체적 정보다." 프로젝트의 수장인 스펜서 웰
스가 말한다. 한 보고서에 따르면 연구자들은 남아프리카의 코이산족이 유전
적으로 10만 년 동안 다른 아프리카인들과 분리된 채 남아 있었음을 발견했
다. 또 다른 연구에서 그들은 레바논 사람들의 유전자 풀(gene pool) 일부는
기독교 십자군과 아라비아 반도에서 온 무슬림으로 거슬러 올라갈 수 있음을
보여주었다.

시간을 관통하여 Y염색체 추적하기

유전학자들은 세계의 서로 다른 지역에 거주하는 사람들의 Y염색체에 있는 유전자 마커를 조사하는 방식으로 고대 이주 경로를 추적할 수 있다. M168이나 M89와 같은 각각의 마커는 사람들의 계통과 그 계통이 기원한 곳을 파악하게 해준다. 마커를 보유하고 있는 현존하는 사람들을 관찰한 것에 기초하여 진화의 나무를 구축함으로써, 탐구자들은 계통의 대략적인 연대를 결정해낼 수 있다.

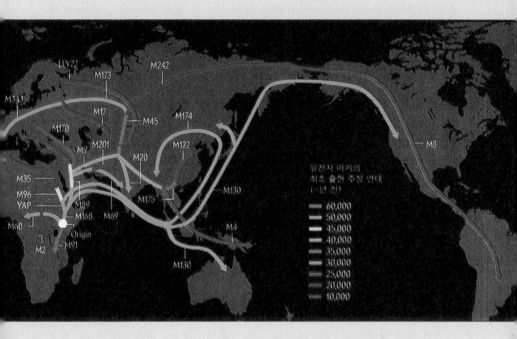

강력한 도구들

유전 연구자들은 자신들이 발견했던 이동 통로를 따라 거주하고 있는 많은 사람들의 DNA 샘플을 채취해왔다. 하지만 확실해 보이는 자료도 이따금씩 우리를 속인다. 인류의 기원을 연구하는 과학자들은 여전히 화석을 선호하는 편이다. 계보학적 나무에서 자신들 손으로 직접 화석을 붙잡을 수 있기 때문이다. DNA는 화석의 연대 측정에 쓰이는 방사성 동위원소와는 다르다. 돌연변이의 속도는 DNA 가닥마다 요동칠 수 있다(방사성 동위원소는 반감기를 이용하는데, 동위원소마다 반감기는 일정하다. 그런 점에서 DNA 돌연변이를 이용한 측정의 상대적 불안정성이 지적되고 있다.-옮긴이).

고인류학은 곤란함에 빠져 있다. 화석 유물은 드물고 종종 불완전하다. 아프리카에서 오스트레일리아를 향한 최초의 이주는 미토콘드리아와 Y 유전물질을 통해서는 그 흔적을 찾을 수 있었다. 무엇보다도 안다만(Andaman) 섬사람 덕분이다. 하지만 물리적 유물은 거의 그 흔적을 찾을 수 없다.

돌과 뼈의 부족함에 대한 대안은 모든 곳에서 얻는 더 많은 DNA이다. 유전학을 위한 사례를 더 축적하기 위해, 연구자들은 인류에 올라탄 미생물에 주목한다. 유사한 패턴의 이주 경로를 찾기 위해 그들의 유전자를 검사하고 있다. 무임승차자로는 박테리아, 바이러스, 심지어 이 등도 포함된다. 미생물을 넘어서서 유전체 전체를 대상으로 삼는 인간유전체사업과 관련된 노력들을 통해서 그동안 결여되었던 유전학적 방법에서 강력한 분석 도구를 얻게 되었다. "다른 가설들을 시험할 수 있는 더 강력한 통계적 힘을 확보하고자 많은 개인과 집단에서 얻은 유전체에서 이곳저곳 다른 많은 장소를 살펴볼 수 있습니다."캘리포니아 대학교 데이비스 캠퍼스의 인류학 교수인 팀 위버가 말한다.

10년이 넘는 동안 연구자들은 유전체의 30억 개 뉴클레오티드 전체에 산재한 여러 변수, 다형성, 위치 등을 동시에 비교함으로써 놀라운 발견을 해내고 있다. 2000년대 초반에 이루어진 최초의 전체 유전체 연구는 인구 집단들 사이에서 마이크로새틀라이트(microsatellites)로 알려진 짧게 반복되는 DNA 조각의 차이를 살펴보고 있다. 그 후 전체 유전자 스캔의 범위는 꽤나 넓어졌다. 2008년 2월 두 개 논문이 하나는《사이언스》에 다른 하나는《네이처》에 실렸는데, 그때까지 인간 다양성에 대한 최대 자료의 조사 결과를 담고 있었다. 둘은 모두 인간 유전체 다양성 패널(Human Genome Diversity Panel)에서 얻은 50만 개 이상의 단일염기다형성(SNPs, DNA의 특정한 지점에서 이루어진 뉴클레오티드 사이 맞교환)을 조사했다. 이런 세포주(cell line)는 전 세계에 걸친 52개의 인구 집단에서 1,000명 이상의 개인으로부터 추출된 것으로, 파리에 있는 인간다형성연구센터에 보관되어 있다.

*반수체(haploid)의 유전형(genotype)을 의미한다. 반수체란 감수분열 결과 염색체 수가 반으로 줄어든 세포나 조직을 말한다. 미토콘드리아 DNA를 통해서 모계 혈통을, Y염색체 DNA를 통해서는 부계 혈통을 알아낼 수 있다.

두 연구팀은 다양한 방식으로 풍부한 자료를 분석했다. 그들은 확연히 구분되는 인구 집단을 대상으로 SNPs를 직접 비교했다. 그들은 많은 세대를 거치는 동안 변화 없이 유전되고 있는 수많은 SNPs를 포함하는 DNA 블록인 일배체형(haplotype)도* 살펴봤다. 《네이처》 논문을 썼던

연구진도 한 개인의 유전체 전체에서 최대 길이가 100만 개의 뉴클레오티드
에 이를 수 있는 DNA 조각의 중복이나 제거를 비
교함으로써 인간 변이(유전자 복제수 변이)를* 조
사하기 위한 새로운 기법을 시도했다. 이것은 유

*인간 유전체의 개인별 변이
에서 구조 변이에 해당하는 유
전적 변화이다.

전체를 채굴해서 변이를 알려주는 훨씬 더 많은 표식들을 찾으려는 커다란
방향과 일치하는 것이다. "유전체 한 조각이 전체 유전체 계통을 필연적으로
반영하지 않는 자신만의 역사를 가질 수 있습니다." 현재 스탠포드 대학교에
있으며《네이처》저자 중 한 명인 노아 로젠버그가 말한다. 그러나 그의 설명
에 따르면, 많은 영역을 한꺼번에 조사한다면 그 문제를 해결할 수 있다. 즉
"수천 개의 표식들을 가지고 인간 이주의 전체 이야기를 결론 내리는 일이 가
능해질 수 있습니다."

연구자들은 수십만 개의 SNPs를 조사함으로써 개별적 인구 집단의 정체성
을 구분해낼 수 있다. 그리고 어떻게 유전적으로 가까운 친척들이 멀리 그리
고 넓게 퍼져나갔는지를 살펴볼 수 있다. 남아메리카 원주민의 조상은 시베리
아인 또는 여타 일부 아시아인으로 역추적되고 있다. 중국의 핵심 민족 집단
인 한족은 북부 집단과 남부 집단 사이에 뚜렷한 차이를 보인다. 베두인족은
중동 지역은 물론 유럽과 파키스탄에서 온 집단과 관련되어 있다.

연구 결과들은 인류학, 고고학, 언어학, 생물학(이전의 미토콘드리아 DNA와 Y
염색체 DNA 연구를 포함하여) 등에서 이루어진 기존 연구들에 잘 들어맞는데,
아프리카 기원설을 뒷받침하는 광범위한 통계적 토대를 제공해주기도 한다.

아프리카 기원설은 아프리카 대륙에서 이동해 나온 소규모 인간 집단이 새로운 본거지에서 세력을 키웠고, 그 과정에서 여러 갈래의 "창시자" 하부 집단으로 쪼개지면서 각기 다른 곳으로 이주했다는 아이디어를 지지한다. 이런 과정이 반복되면서 이 집단들은 전 세계로 퍼져나가 정착했다. 이런 도보 여행자들이 고대의 인구 집단들(호모 네안데르탈렌시스와 호모 에렉투스)을 구석으로 몰아넣었다. 새로운 DNA 작업이 시사하는 바에 따르면, 더 작은 집단으로 나뉠 때마다 그 집단은 최초 아프리카의 인구 집단에 존재했던 유전자 다양성의 부분 집합만을 운반했다. 따라서 아프리카에서 이동한 거리(그리고 시간)가 멀어짐에 따라서 다양성의 정도는 약해진다. 이는 인구 집단의 이동을 추적할 수 있는 수단을 제공한다. 마지막 주요 대륙의 거류자인 아메리카 원주민들은 그 유전체에서 아프리카인들과 비교했을 때 그 다양성이 훨씬 덜하다.

많은 과학자들은 《사이언스》와 《네이처》에 실린 것과 같은 대형 통계 분석에 의해 현재 뒷받침되고 있는 증거의 비중이 인류 기원을 둘러싸고 오랫동안 벌어졌던 논쟁에서 아프리카 기원설 지지자들에게 분명한 우세를 제공해준다고 믿는다. 다지역 기원론(아프리카 기원론의 경쟁 가설)은 호모 에렉투스와 같은 고대 인류에서 내려온 인구 집단들이 아프리카와 유럽, 아시아 등지에서 180만 년 동안 서서히 호모 사피엔스로 진화해왔다고 주장한다. 이따금씩 발생했던 이종교배는 집단들이 별도의 종으로 쪼개지는 것을 방지해주었다.

다지역 기원론에 대한 엄격한 해석을 여전히 고수하고 있는 과학자들은 소수에 불과하다. 그러나 변형된 버전들은 여전히 돌아다니고 있으며, 주로 호모 사피엔스가 호미니드 사촌들과의 조우에서 얻은 유전적 특징을 운반하고 있는지를 집어내기 위한 노력과 관련되어 있다. 인도기술원의 비나약 에스와란은 유타 대학교의 헨리 하펜딩과 앨런 로저스의 도움을 받아 일련의 시뮬레이션을 실시할 수 있었다. 시뮬레이션은 인류가 아프리카 밖으로 이주한 다음, 호모 에렉투스와 같은 고대의 종들과 광범위하게 이종교배가 이루어졌음을 시사한다. 에스와란의 연구는 현생인류 유전체의 80퍼센트가 이러한 이종교배에 따른 결과라고 할 수 있음을 보여준다.

이종교배가 일어났다고 해도 유전적 흔적은 기대만큼 가시적이지 않을 수 있다고, 하펜딩은 설명한다. 아프리카 이주민들에 의해 운반되는 일련의 혜택을 주는 유전자(아마도 가임을 도왔던 것들)는 선택적 장점을 주었을 것이고, 결국에는 고대 유전자의 특징을 지웠을 것이다. "결론은 이렇습니다. 인구 집단은 선호된 유전자를 지닌 아프리카 원천 인구 집단과 실제보다 더 긴밀하게 관련되어 있는 것처럼 보입니다." 그가 말한다.

우리의 일부는 네안데르탈인의 것인가?

그런 시뮬레이션은 더 이상 컴퓨터가 꾸며낸 허구가 아니다. 일부 화석화된 호모 사피엔스의 골격 유물은 초기 호미니드를 연상시키는 특성들을 가지고 있고, 현생인류의 유전 기록도 토론의 열기를 더해주고 있다.

유전자-염기서열 분석 기법의 계속된 발전으로, 라이프치히에 있는 막스 플랑크 진화인류학 연구소는 네안데르탈인과 최근에 발견된 또 다른 멸종 호미니드인 데니소바인의 유전체 염기서열을 성공적으로 읽어냈다. 아프리카의 경우를 제외하곤, 호모 사피엔스가 이종 밀회에 참여했던 것으로 드러났다. 아프리카 대륙 밖에 거주했던 우리 종의 대표자들은 2.5퍼센트의 네안데르탈인 DNA를 지니고 있고, 오세아니아 대륙에 거주하는 대표자들의 일부에게는 네안데르탈인 DNA의 일부는 물론 데니소바인에게 전해 받은 5퍼센트의 유전자 흔적이 있다. 더욱이 동남 아시아인들 유전자 1퍼센트는 데니소바인에게서 온 것이다.

현재의 염기서열 분석 시도는 거대 프로젝트로 변모했다. 표본을 만지거나 심지어 숨기운만 닿아도 고대 DNA의 작업에 어려움이 생길 수 있다. 일부 인류학자들은 발굴 현장으로 향할 때 마이크로칩 공장에서 사용되는 "토끼 복장"으로 온몸을 감싼다. 막스플랑크 연구소에서, 연구자들은 네안데르탈인 유전물질의 가닥마다 출발점에 합성 DNA의 네 개 뉴클레오티드를 이루는 꼬리표를 달고 있다. 일단 염기서열 분석 기계에서 배출되는 가닥은 분자 식별 검사 과정에 돌입하게 되는 것이다.

우리는 어떻게 적응해왔는가?

일부 연구자들이 인류가 호모속의 다른 종들과 교배를 했는지 탐구하기 위해 오래된 뼛조각에서 DNA의 염기서열 분석에 매달려 있는 동안, 다른 연구자들은 이주자들이 새로운 본거지에 적응하면서 유전자 표류(임의적 돌연변이)와 자연선택의 작용에 따라서 변화를 겪은 형질들 중에서 유전적으로 통제된 것이 무엇인지를 살펴보기 위해 유전체 전체를 포괄하는 DNA 분석을 시도하고 있다.

2008년 2월 《네이처》에 실린 두 번째 연구는 인류가 아프리카를 떠남에 따라 줄어드는 유전자 다양성의 결과를 보여주었다. 그 프로젝트는 20개의 유럽-아메리카인 인구 집단과 15개의 아프리카-아메리카인 인구 집단에서 추출한 4만 개의 SNPs를 비교했다. 그 결과, 유럽-아메리카인이 아프리카-아메리카인보다 질병과의 관련성이 높은 해로운 유전자 변화의 비율이 상대적으로 더 높다는 사실을 알 수 있었다. 다만 저자들은 특정한 건강 효과에 대한 모든 추론을 멀리했다. 이 연구는 앞선 과학자 카를로스 부스타만테가 유럽의 기초를 이루는 "집단 유전의 반향"이라고 불렀던 바를 보여준다. 유럽의 소규모 초기 인구 집단은 낮은 유전자 다양성으로 일련의 해로운 돌연변이가 발생하여 광범위하게 퍼져나가는 것을 허용할 수밖에 없었고, 사람들의 수가 증가하기 시작할 때 새롭게 출현하는 해로운 돌연변이를 허용할 수밖에 없었다. 자연선택은 해로운 변화를 제거할 수 있을 만한 충분한 시간을 미처 가질 수 없었던 것이다.

유전체 광역 연구는 자연선택이 이주자들에게 새로운 환경에 적응하도록 어떻게 도움을 주었는가에 대한 경이로운 그림을 만들어내기 시작했다. 폭발적으로 분출하는 최근 연구들은, 인류가 아프리카를 떠난 이후 또는 농사를 짓기 시작한 이후에 발생했고 새로운 환경에서의 생존에 유용했을 것으로 보이는 유전적 교체를 조사하고 있다. 유전자 탐구자들은 국제 햅맵

(International Hapmap)을 파고들었다. 이는 일배체형의 목록표로서 그 속에는 조상이 북서 유럽 출신인 북아메리카인과 나이지리아와 중국, 일본에서 표본 추출한 개인들에게서 가져온 390만 SNPs가 포함된다.

하펜딩이 공저자로 있는 한 연구는 DNA의 교체율, 그에 따른 진화의 속도는 지난 4만 년을 지나면서 가속화되었음을 보여주었다. 매사추세츠 주의 케임브리지에 있는 브로드 연구소의 파르디스 사베티와 그녀의 동료들에 의해 수행된 또 다른 연구는 유전체의 수백 개 구역에서 여전히 선택이 진행 중임을 보여주었다. 특히 질병 저항, 피부색 형성, 땀을 규제하는 모낭 등을 통제하는 영역을 포함한다. 그런 발견은 인간 집단이 조상의 고향인 아프리카를 떠난 이후 자신들이 마주하는 햇빛 노출, 음식, 병원균 등에서 차이를 보이는 지역 환경에 계속해서 적응하고 있음을 시사한다. 아프리카인들은 주변 지역의 변화에 발맞춰 진화해왔다.

파리에 위치한 파스퇴르 연구소의 루이스 퀸타나무르치는 당뇨병, 비만, 고혈압 등에 작용하는 유전자들을 포함하여 580개의 유전자가 햅맵 인구 집단 사이에서 서로 다르게 선택이 진행되고 있음을 보여주었다. 이런 사실은 지리적 차이에 따른 질병 패턴을 설명해줄 수 있고, 신약 개발을 위한 새로운 표적에 대한 단서를 제공해준다.

인간의 다양성을 뒷받침하는 과정들에 대한 연구는 당연히 모낭 또는 우유 소화 능력의 차원 너머로 나아간다. 무엇이 인종과 민족성을 이루는가에 대한 과학적 논쟁까지 곧 포함될 수 있다. 만약 인지와 관련된 유전적 교체가 아프리카인보다 유럽인에게 더 크다는 사실이 발견된다면, 그것은 무엇을 의미할까? 유전학에 대한 대중의 이해가 더 나아진다면, 즉 단일한 유전자가 똑똑함과 멍청함 사이에서 비녀장을 끼워놓는 광자 스위치와 같이 작동할 수 없다는 사실을 안다면 잘못 추론하는 위험을 막아줄 것이다.

유전학에 대한 이해가 높아지면, "아시아인"이나 "중국인"과 같은 용어는 최근의 유전체 광역 스캔에서 발견된 조상의 유전자 구성에서 나타나는 차이(중국 한족들 사이 차이처럼)에 기초하여 보다 섬세한 분류로 대체될 것이다. "인종은 존재하지 않아요." 퀸타나무르치가 말한다. "유전학의 관점에서 우리가 주시하는 바는 점진적인 지리적 차이입니다. 유럽인과 아시아인 사이의 현격한 차이란 없습니다. 아일랜드에서 일본까지, 뭔가가 완벽하게 변하는 급격한 경계란 존재하지 않아요."

비교유전학으로 정착한 진화의 역사를 통한 이 여행은 아직도 출발 단계에 있다. 그 사이 더 많은 자료와 더 강력한 컴퓨터와 알고리즘에 대한 갈증은 그 끝을 모를 정도이다. 축적된 대형 데이터베이스(2008년 1월에 개시된 국제 컨소시엄은 다양한 지역의 인구 집단에게서 얻은 1,000개의 유전체 염기서열 분석을 함께 진행중이다)는 연구자들로 하여금 훨씬 더 현실적인 인간 진화의 대안 모델에 대해 시뮬레이션하고 그 가능성을 높이도록 해줄 것이다. 그 결과 우리가 누구이며, 어디에서 왔는지에 대한 최고의 그림을 그려낼 수 있을 것이다.

3-3 최초의 아메리카인들

헤더 프링글

7월 초 오후 무더위의 열기 속에서, 마이클 워터스는 몇몇 채굴자들이 모종삽으로 고대의 범람원을 파 들어가고 있는 그늘진 구멍으로 기어 내려갔다. 대원들로부터 탄성이 흘러나오고, 그중 한 명이 워터스에게 규질암이라 불리는 얼룩진 청회색 암석 조각을 건넸다. 워터스는 텍사스 에이앤엠(A&M) 대학교의 최초 아메리카인 연구센터의 고고학자이다. 워터스는 그것을 건네받은 후에 고배율 확대경으로 면밀히 살펴봤다. 엄지손톱보다 별로 크지 않은 그 유물은 다목적용 절단용 도구의 일부로서, 빙하기의 면도칼이라 할 만했다. 오래전에 이 풀로 뒤덮인 텍사스의 샛강 제방에 던져진 이 도구는, 신세계에서의 인류 역사를 앞당기면서 초기 아메리카인에게 드문 빛을 던지고 있는 수천 개 유물 가운데 하나이다.

키 크고 50대 중반에 접어들어 제법 주름 잡힌, 진한 푸른 눈에 느리고 신중하게 말하는 사나이 워터스는 돌격대장처럼 보이지도 그런 평판을 받고 있지도 않다. 그러나 그의 연구는 신세계에서 인류의 거주에 관해 지속되어 왔던 모델을 크게 뒤흔드는 데 한몫하고 있다. 수십 년 동안 과학자들은 최초의 아메리카인에 대해 아시아의 빅게임 사냥꾼들이라고* 생각했다. 이 사냥꾼들은 동쪽으로 매머드와 다른 대형 사냥감을 쫓다가 북부 아시아와 알

*대형 동물을 목표로 삼는 사냥꾼을 의미한다.

래스카를 연결하고 있던 베링 육교로 알려진 현재는 수몰된 땅덩어리를 가로질렀다. 1만 3,000년 전쯤에 아메리카에 도착한 이 식민지 건설자들은 유콘 강에서부터 남부 앨버타까지 펼쳐져 있었던 얼음이 녹은 통로를 따라서 빠르게 육로를 가로지르는 여행을 시작했다고 알려져 있다. 그들은 지역을 통과하는 이주 과정에서 식별이 가능한 석기들을 남겨놓았는데, 인접한 미국 고고학자들은 이 사냥꾼들을 클로비스족이라고 부른다. 뉴멕시코 주 클로비스 근처의 유적에서 그들의 도구 다수가 빛을 본 이후에 그렇게 불리게 되었다.

지난 십수 년 동안, 이 클로비스 최초 모델은 새로운 발견들의 결과 날카로운 공격에 직면해왔다. 몬테베르데로 알려진 발굴 현장이 있는 남부 칠레에서, 고고학자 토머스 딜레헤이(현재 밴더빌트 대학교에 재직)와 그의 동료들은 클로비스 사냥꾼들이 출현하기 훨씬 전인 1만 4,600년 전에 덮개 텐트 속에서 잠을 잤고 해산물과 다양한 종류의 야생 감자를 먹었던 최초의 아메리카인 흔적을 발견했다. 발견에 탄력이 붙은 일부 과학자들은 북아메리카에서 비슷한 증거를 찾기 시작했고, 결국 증거를 찾아냈다. 예를 들면 한 답사팀은 오리건 주에 있는 페이즐리 동굴 속에서 사막 파슬리와 다른 식물들에서 나온 씨앗들이 뒤섞인 1만 4,400년 된 인간의 배설물을 발견했던 것이다. 이런 종류의 식물들은 빅게임 사냥꾼 시나리오를 옹호하는 자들이 기대했던 식단은 적어도 아니었다.

현재 버터밀크 샛강을 따라 가다 워터스와 그의 팀은 지금껏 가장 중요한 발견들 중 하나를 이뤄냈다. 즉 놀랍게도 그 연대가 1만 5,500년 전으로 거슬러 올라가는 석기의 주요 광맥이었다. 그 팀은 모두 더해서 1만 9,000개 이상의 클로비스 이전 인공물들을 발굴해냈다. 뼈를 자르면서 발생한 미세한 마모 흔적이 있는 작은 돌칼부터 윤이 나는 적철광(구석기시대에 빨간 안료 제조용으로 통상 사용되었던 철광석) 덩어리에 이르기까지. 2011년 봄에 대중에게 공개된 그 답사 현장에서는 다른 현장 모두를 합쳐 놓은 것보다 더 많은 클로비스 이전 도구들을 선보였다. 워터스는 각각의 층마다 여러 번에 걸쳐서 연대 측정을 하는 데 비용을 아끼지 않았다. "북아메리카에서 클로비스 이전 시대에 대한 최고의 증거입니다." 애리조나 대학교의 인류학자이자 지구과학자인 밴스 홀리데이가 말한다.

그런 발견들에 힘입은 고고학자들은 이제 신세계에서의 인류 거주에 대한 새로운 모델을 검토하고 있다. 여러 방면의 과학(유전학에서 지질학에 이르는)에서 증거를 가져옴으로써, 그들은 당면한 일련의 질문들에 대한 답을 찾고 있다. 초기 아메리카인은 어디에서 왔는가? 그들은 정확히 언제 도착했으며, 어떤 경로로 신세계에 도착했을까? 수십 년 사이 최초로 발견의 선풍이 불고 있다. "우리는 이제 빅 이슈를 다루고 있습니다." 머시허스트 칼리지의 고고학자 제임스 아도바시오가 말한다. "우리는 지구상에서 가장 최후의 거주지를 향해 인류가 확산한 환경을 면밀하게 조사하고 있습니다."

유전적 흔적들

사납게 불어대는 북극의 추위에서부터 푹푹 찌는 아마존의 더위와 몰아치는 티에라델푸에고의 폭풍에 이르기까지, 신세계로의 진출은 인류의 가장 위대한 업적 가운데 하나로 남아 있다. 유명한 20세기 프랑스 고고학자 프랑수아 보르드가 보기에 이것은 "인류가 또 다른 행성에 착륙할 때까지" 비교할 바 없는 인내와 적응의 업적이다. 그럼에도 고고학자들은 오랫동안 이 대륙을 넘나드는 모험의 시작을 밝혀내기 위해 투쟁해왔다. 그것은 북아메리카와 아시아의 광대한 북부 야생 지대에서 이동성이 아주 큰 사냥꾼과 소규모 채집 인구 집단이 머물렀던 초기 거주지의 위치를 찾아내는 힘겨운 임무였다. 하지만 지난 10년 동안 유전학자들은 분자 수준에서 최초의 아메리카인에 대한 수색에 나서서, 원주민들 DNA에서 그들이 어디에서 왔고 그들이 언제 고향을 떠났는지에 대한 새로운 단서를 찾았다.

12개 이상의 연구들에서, 유전학자들은 아메리카 원주민으로부터 추출한 근대와 고대의 DNA 표본을 조사했는데, 하플로그룹(haplogroup)으로* 알려진 인간의 주요 계통을 정의해주는 숨길 수 없는 유전자 돌연변이나 표식을 찾아냈다. 그들은 아메리카 대륙에 있는 *유사한 일배체형을 공동 조상으로부터 물려받은 집단을 말한다. SNP 돌연변이를 탐지하여 그룹을 파악할 수 있다.

원주민들이 네 개의 주요 창시 모계 하플로그룹(A, B, C, D)과 두 개의 주요 창시 부계 하플로그룹(C, Q)에 뿌리를 두고 있음을 발견했다. 이런 하플로그룹의 가능한 원천을 찾기 위해, 연구자들은 그 유전적 다양성이 모든 계통을 포괄하고 있는 구세계 인구 집단을 찾아 나섰다. 이런 유전자 프로파일을 만족하는 것으로는 현재 남부 시베리아의 거주민들이 유일했다. 이것은 최초 아메

리카인의 조상이 동아시아의 고향에서 왔음을 강력하게 뒷받침해주는 발견
이었다.

 대부분의 고고학자들은 그 고향의 위치에 의구심을 품고 있었는데, 이 증
거가 의구심을 거둬주었다. 또한 클로비스 최초 시나리오에서 제안된 시기가
틀렸을 수 있음도 강하게 시사되었다. 유전학자들은 인간 DNA의 돌연변이
발생 속도에 기초하여 아메리카 원주민의 조상들이 2만 5,000년 전에서 1만
5,000년 전 사이 언젠가 동아시아 고향에서 자신의 친척들로부터 갈라져 나
왔다고 계산한다. 그런데 그때는 대규모로 북부로의 이주를 감행하기 힘든 시
기였다. 거대한 빙하들이 북동 아시아의 계곡들을 뒤덮고 있었고, 동시에 광
활한 빙원이 캐나다와 뉴잉글랜드, 미국 북부의 여러 주 대부분을 뒤덮고 있
었기 때문이다. 실제로 그린란드에서 채취한 얼음 기둥이 간직한 정보와 과거
지구 해수면 측정에 기초하여 과거 기후를 재구성하였는데, 그에 따르면 이런
거대 빙원은 적게 잡아도 2만 2,000년 전과 1만 9,000년 전 사이인 마지막 빙
하기에 그 범위가 최대에 도달해 있었다. "하지만 이 족속들은 육로로 이동하
는 데 비상할 정도로 뛰어났어요." 서던메소디스트 대학교의 고고학자 데이빗
멜처가 말한다. "그들의 존재(그리고 그들이 알고 있는 모든 사람 그리고 그 조상의
존재)는 온전히 적응에 달려 있었어요. 그들은 전술과 전략이라는 연장통을
가지고 있었어요."

 뼈바늘과 힘줄로 꿰매고 재단하여 따뜻한 가죽 외피를 입고, 자연에 대한
전문 지식으로 무장을 한 고대 아메리카인의 조상들은 오늘날과는 전혀 다

른 북극 세계로 들어섰다. 북유럽과 북아메리카의 대빙원이 거대한 양의 물을 가둬놓은 까닭에 해수면은 100미터 이상 낮아졌고, 그 바람에 북동 아시아와 알래스카의 대륙붕이 물 밖으로 드러나 있었다. 시베리아와 알래스카, 북부 캐나다의 인접 지역들이 함께 새로운 땅덩어리로 모습을 드러내자 구대륙과 신대륙은 육로로 연결되었다.

현재 베링 육교로 알려진 이 땅덩어리는 클로비스 이전 이주민들을 환영하는 간이역과 같았으리라. 육교 위를 휘감은 공기 덩어리는 너무 건조해서 눈발은 거의 날리지 않았고 빙상의 성장도 막아주었을 것이다. 그 결과 풀, 세이지, 여타 추위에 적응한 식물들이 그곳에서 번창했을 것이다. 북부 알래스카에 있는 화산재 지층 아래에 보존된, 한때 베링 육교를 배회했던 거대 초식 동물들의 얼어붙은 창자 속에 남아 있는 식물 유해들이 이를 잘 보여준다. 이런 식물들은 건조한 툰드라 목초 지대를 형성했고, 그곳에는 몸무게가 최대 9톤에 달하는 털북숭이 매머드가 풀을 뜯어먹고 있었다. 거대한 나무늘보, 대초원 들소, 사향소, 순록 등도 마찬가지였다. 현대의 (북태평양) 바다사자 개체군에 대한 유전 연구는 이 바다 포유류가 베링 육교의 섬들이 박혀 있는 남쪽 해안을 따라 바위 위에서 쉬었을 가능성이 높았음을 보여준다. 따라서 이주민들은 지상의 포유류뿐만 아니라 해양 포유류들을 사냥할 수 있었을 것이다.

알려진 바에 따르면 개척자들은 더 따뜻하고 더 살기 좋은 땅에 도달하기 위해 서둘러서 베링 육교를 가로질렀다. 하지만 일부 연구자들은 이 여행이 훨씬 더 여유로웠을 것이라고 생각한다. 아메리카 원주민의 유전적 주요 계통은 광범위한 일배체형(함께 유전되는 개인의 염색체 상에서 가깝게 연결된 DNA 염기배열의 조합)을 보유하고 있다. 그런데 그들의 가장 가까운 아시아 친족에게는 이런 일배체형이 없다. 이것은 초기 아메리카인이 신세계를 향하는 노정의 어딘가에서 잠시 쉬어갔음을 말해준다. 아메리카로 들어오기 전에 수천 년 동안 고립된 환경 속에서 진화 과정을 거쳤던 것이다. 이런 유전적 배양지로서 가장 가능성이 높은 지점은 베링 육교다. 그곳에 머물던 이주자들은 2만 2,000년 전쯤에 기후가 차가워지자 자신들의 아시아 친족에게서 의식적으로 갈라져 나왔을 수 있는데, 나머지 시베리아 집단들은 추워서 남쪽으로 후퇴할 수밖에 없었을 것이다.

이주자들은 베링 육교, 아니면 북부 아시아 어딘가에서 지체한 후, 결국엔 동쪽과 남쪽 멀리로 나아가기 시작했다. 기후가 따뜻해지면서 1만 9,000년 전쯤에 북아메리카의 빙상들이 서서히 줄어들기 시작했고, 남쪽을 향한 두 경로가 점차 열리면서 초기 대량 이주의 가능성이 커졌기 때문이다. 지난 10년 동안 현대 원주민 아메리카인을 대상으로 이루어진 유전적 다양성의 지리적 분포에 대한 여러 연구에 따르면, 이런 최초 이주민 일행이 신대륙에 식민지를 건설하기 시작한 것은 1만 8,000년에서 1만 5,000년 전 사이였다. 이 시기는 클로비스 이전 개척자들의 고고학적 증거가 보여주는 바와 잘 맞아떨어진다. "어느 시점에서 이 개척자들은 풍경을 돌아보다가 다른 모든 모닥불의 연기가 그들 뒤에 있음을 처음으로 깨닫고, 그들 앞에서는 연기가 피어오르지 않음을 알게 되었을 것입니다." 아도바시오가 회고하듯 말한다. "그리고 그 순간, 그들은 말 그대로 낯선 땅에 들어선 이방인이었습니다."

해안 통로

고고학자들은 최초 아메리카인들이 남쪽을 향해 밀고 내려가면서 인류의 발이 닿지 않았던 야생 지대를 탐험했다는 이야기를 받아들인다. 상어 그림과 사진 그리고 전통 추마시 숲 카누 포스터로 장식된 사무실에서, 오리건 대학교의 고고학자 존 얼랜슨은 그들의 여행에 대한 새로운 증거를 곰곰이 따져본다. 갈대처럼 가는 헝클어진 머리에 50대 중반쯤인 얼랜슨은 자신의 경력 대부분을 캘리포니아 해안을 따라 형성된 유적지를 발굴하면서 보냈다. 그는 해안통로설로 불리는 가설의 선구적 주창자들 중 한 명이었다. 클로비스 최초 모델의 지지자들이 육로를 통해서 아메리카에 도착하는 인간들을 그리고 있는 반면, 얼랜슨은 최초의 여행자들은 바다를 통해, 동아시아에서 작은 배를 저어 남 베링 육교에 도착한 다음, 아메리카의 서쪽 해안을 타고 내려와서 도착했을 것이라고 생각한다. 현재 그와 그의 동료인 샌디에이고 주립대학교의 토드 브라제는 동아시아를 출발해서 칠레에서 여행을 마친 고대 선원들에 대한 핵심적인 새로운 증거를 발견했다.

과학자들이 이 해안 통로를 처음 생각하기 시작한 것은 1970년대였다. 그때 고고학자 크누트 플래드마크(현재는 브리티시 콜롬비아 주에 있는 사이먼프레이저 대학교 명예교수로 있다)는 캐나다의 서부 해안을 따라 고대 환경을 재구성하기 위해 지리적 기록과 꽃가루 기록을 조사하기 시작했다. 그 당시 대부분의 전문가들은 북서 해안 전체가 마지막 빙하기가 끝날 때까지 두꺼운 얼음 밑에 놓여 있었다고 믿었다. 그렇지만 1960년대와 1970년대 해안의 소택지에서 나온 고대 꽃가루 분석 결과는 침엽수 숲이 1만 3,000년 전 워싱턴 주의 올림픽 반도에 번창했으며, 다른 녹색 피난처들도 해안선에 점점이 박혀 있었음을 보여주었다. 플래드마크는 결론 내렸다. 이런 지점들에 거처를 마련했던 초기 인류는 해산물(어패류에서부터 회유하는 곱사연어에 이르는)로 에너지를 보충할 수 있었을 것이다. 그들은 또한 태평양의 철새 통로를 따라 이주하는 물새를 사냥했을 것이고, 순록과 보다 큰 생태적 피난처에서 풀을 뜯어 먹고 있는 건장한 육상 동물들도 마찬가지로 사냥했을 것이다.

오늘날 고고학자들은 최소한 1만 6,000년 전에 브리티시컬럼비아 주 해안의 많은 지역에 얼음이 없었다는 사실을 잘 알고 있다. 그들은 초기 아메리카 해안 유적지들에서 보존된 배 유물을 발견해내려고 하는데, 해안 여행자들이 그런 해상 기술을 이용했을 가능성이 충분하다고 생각하기 때문이다. 즉 최소한 4만 5,000년 전 인류는 아시아에서 오스트레일리아까지 배를 타고 섬들을 경유하면서 바다를 건넜다. 신세계의 서부 해안을 따라 밑으로 가는 해상 여행은 육로 여행보다 여러 모로 쉬웠을 것이다. "남북 횡단로를 따라서 거의 유사한 환경이 펼쳐져 있기 때문에, 이동하는 데 애로가 가장 적은 통로를 제공해주었을 것입니다." 브리티시컬럼비아 주에 있는 빅토리아 대학교의 고고학자 쿠엔틴 매키가 말한다.

이제야 초기 선원들의 야영지를 찾는 일은 과학자들에게는 터무니없는 요구라는 사실이 드러났다. 최후의 빙하기 때 빙상들이 녹아내리자 그 물이 해수면을 상승시키면서 고대 해안선들은 수 미터의 물속에 잠기고 말았다. 그렇지만 2011년 3월, 얼랜슨과 브라제는《사이언스》에 실린 글에서, 남부 캘리포니아 해안에서 멀리 떨어지지 않은 산타로사 섬에서 새롭게 발굴된 유적지에서 발견한 초기 항해자들에 대한 놀라운 증거를 제시했다. 1만 2,000년 전쯤, 고대 아메리카인들이 10킬로미터의 공해를 가로질러서 산타로사에 도착했다. 당연히 이 여행에는 배가 필요했을 것이다.

그 섬의 유적지는 내륙 계곡의 입구 근처이자 고대 습지였을 것으로 추정되는 곳에 가깝게 위치해 있었다. 얼랜슨과 그의 팀은 퇴적물에 묻혀 있던 인간 폐기물을 찾아냈다. 퇴적물에는 새 뼈와 석탄이 함께 포함되어 있었는데, 연구자들은 방사성탄소 연대 측정법을 통해 그것들이 1만 1,800년 전에 묻힌 것임을 알아냈다. 초기 해안 사냥꾼들은 그곳에서 바다표범과 바다사자를 아우르는 기각류는 물론 캐나다거위와 가마우지와 같은 새들을 사냥했다. 그들은 또한 독보적인 기술의 흔적을 남겨놓았다. 즉 윤곽이 작은 갈색의 크리스마스트리처럼 보이는 50개 이상의 슴베찌르개였다.* 슴베찌르개는 새나 작은 해양 포유류의 사냥용 창으로 쓰였을 것이다. "그것들은 엄청나게 가늘고, 엄청나게 정교하게 만들어졌어요." 얼랜슨이 말한다. 전체적으로 그 디자인과 제조법은 아메리카 본토에 있는 빅게임 사냥꾼이 쓰던 길고 주름지고 억세게 보이는 클로비스 창끝과 매우 다른 듯하다.

* 석기의 일종으로 슴베를 통해 나무 손잡이와 연결하여 사용할 수 있는 구조를 이룬다.

얼랜슨과 브라제는 이런 해안 기술의 기원에 대한 호기심 속에서 해결의 실마리를 얻고자 다른 유적지를 다룬 고고학 보고서를 탐독했다. 그들은 태평양의 북부 가장자리 근처에 흩어진 고대 유적지들에서 발굴자들이 매우 유사한 슴베찌르개를 발굴해냈다는 것을 알아냈다. 최초의 것은 동아시아(한반도와 일본, 러시아 극동 지방)의 것이었고, 그 모든 것은 1만 5,000년 전경으로 거슬러 올라간다. 그렇다면 그곳에서 멀리 떨어진 것일수록 최근의 것일 텐데, 오리건의 슴베찌르개는 1만 4,000년, 채널 제도와 바하캘리포니아 주, 남아메리카 해안에서 발견된 슴베찌르개는 1만 2,000년 된 것이었다. 얼랜슨은 놀라운 사실에 경이를 금할 수 없었다. "일본에 있는 일부 슴베 조립법은 채널 제도의 방식과 너무도 유사합니다." 그가 말한다.

얼랜슨과 브라제는 현재 이런 기술의 궤적이 먹이가 풍부한 해안 고속도로인 북부 환태평양지대를 따라 나 있었던 초기 이주로를 잘 보여준다고 생각한다. 예를 들어 그곳의 차갑고 영양이 풍부한 바다에는 켈프가* 번창했는데, 그로 인해 해안에는 바다 숲이 형성되었다. 그 숲에는 쏨뱅이에서 전복과 해달에 이르는 종들이 거주할 수 있었다. 그런 바다 숲은 마지막 빙하기가 지속되는 기간조차도 베링 육교의 남부 해안선을 따라 번창했을 가능성이 높다. 1만 8,000년 전쯤의 해양 온도에 대한 연구들이 알려주는 바에 따르면, 베링 육교의 남부 해안선 일대는 겨울에만 바다 얼음이 형성되었고 이런 계절적 심층 동결 덕분에 거대한 바다 숲이 지속

*원래는 미국 태평양 연안에 생육하는 대형 갈조류를 지칭하였으나 넓은 의미로는 해조류를 통칭하는 말로 쓰인다.

될 수 있었을 것이다. "해안 이주를 촉진했던 것은 켈프만이 아니었습니다." 얼랜슨이 말한다. "강어귀와 연어가 회귀하는 곳에는 다른 많은 자원들도 존재하고 있었습니다."

그럼에도 불구하고 이 풍부한 해안 세계를 탐험했던 고대 아메리카인들이 곧바로 남쪽으로 내처 향했을 가능성은 높지 않다. 그들은 연간 1킬로미터 남짓 이동했을 뿐이다. 점차적으로 사냥과 채집 영토의 남쪽 경계를 확장해 나갔을 것이다. "이것은 해안선을 따라 달리는 단거리 경주가 아니었어요." 얼랜슨이 결론짓는다. "사람들이 살고 있지 않은 땅으로 이동하고 있기 때문에 결혼 대상자가 있어야만 했고, 따라서 뒤에 남겨진 사람들과 관계를 유지해야만 했으니까요."

내륙 통로

아메리카의 서부 해안선이 초기 개척자들을 위한 유일한 통로는 아니었다. 지난 6년 이상에 걸쳐, 앨버타 주 애서배스카 대학교의 지질학자 케네디 무니와가 이끄는 지구과학자와 연대 측정 전문가로 이루어진 연구팀은 가능성이 있는 또 다른 통로를 재검토해왔다. 클로비스 최초설의 지지자들에게 폭넓게 받아들여졌지만 후에 칠레 해안 근처의 몬테베르데 유적지에서 클로비스 이전 사람들의 흔적이 발견된 이후 선호도가 떨어졌던 곳이었다. 해빙 회랑으로 알려진, 이 대륙 중앙 통로는 북아메리카의 최대 빙상인 로렌타이드 빙상이 동쪽으로 물러서기 시작하면서 서부를 덮고 있던 코르디예라 빙상에서 분리되었고, 동시에 통로를 막고 있던 빙하 호수가 마른 후에 굳은 땅을 남겨놓으면서 생겨났다. 그렇게 해서 생긴 회랑은 로키 산맥의 동쪽 측면을 따라 달리면서 알래스카에서 미국 본토에 이르기까지 1,900킬로미터 가까이 뻗어나갔다.

이 경로에 대한 관심이 다시 환기된 것은 무니콰와 그의 동료들이 2011년 6월 《퀸터너리 지오크로놀로지(Quaternary Geochronology)》에 실은 새로운 연대기에서 비롯되었다. 1980년대 캐나다 지질조사국의 연구자들은 회랑이 뚫린 연대를 그 통로의 퇴적물에 보존된 식물 유해의 방사성탄소를 조사하는 방식으로 측정해냈다. 그들의 발견에 따르면, 두 개의 거대한 빙상이 서로 갈라서고 빙하 호수들이 마른 때는 1만 3,000년 전경이었다. 이 시간대는 클로비스 최초 시나리오와 잘 맞아떨어진다. 반면 그 이전의 사람들이 회랑을 통로로 이용했을 가능성은 배제되고 만다.

고대의 환경 변화를 조사하기 위한 프로젝트를 준비하고자 이런 초기 연구들을 조사했을 때, 무니콰는 심각한 문제점을 발견했다. 방사성탄소 연대 측정의 수치가 적게 나왔으며, 일부 측정값은 전혀 신뢰할 수가 없었다. 더욱이 식물을 대상으로 측정된 연대란 얼음이 실제로 퇴각하고 호수들이 마른 때가 아니라 회랑이 초목으로 다시 채워질 때를 말한다. 따라서 무니콰와 그 동료들은 광자극발광(OSL)으로 알려진 기법을 이용하여 얼음이 녹은 회랑이 열린 연대를 다시 측정하기로 마음먹었다. 그 팀은 북부 앨버타 주에 있는 회랑 구간에 초점을 맞췄다. 그곳은 로렌타이드 빙상이 물러간 후 바람이 불면서 모인 퇴적물이 거대한 사구(일부는 그 높이가 10미터를 넘는다)를 형성하고 있었다.

연대 측정용 표본을 얻기 위해, 무니콰와 그의 팀은 현장에 있는 가장 높은 사구 속으로 구멍을 팠다. 그런 다음 그 구멍의 벽에서 수평으로 검정색 플라스틱 파이프를 모래 속으로 밀어 넣었다. 노출된 파이프의 끝을 막고 파이프를 빼내면 파이프에는 사구가 쌓인 이후 햇빛에 한 번도 노출된 적이 없는 모래가 가득 찬다. 그렇게 해서 얻은 모래를 대상으로, 팀은 OSL 방법을 통해 각 모래 표본의 연대를 측정했다. 즉 표본에 들어 있는 장석과 같은 광물들 속에 포획된 환경방사선으로부터 나온 에너지 총량을 측정했던 것이다. 측정 결과 사구는 1만 5,000~1만 4,000년 전에 형성되었다. 1,000년이라는 시간의 범주는 회랑이 열리는 데 소요된 최소한의 시간대를 말해주는 것 같다고 무니콰는 말한다. "사구는 얼음이 물러간 후 1,000년에 걸쳐 형성되었을 가능성"을 지닌다고 해석될 수 있는 것이다. 더욱이 북부 앨버타 주에 있는 회랑은 생긴 당시에 최소한 400킬로미터 가로질러 펼쳐져 있었고, 녹아 있는 커다란 호수는 아니었더라도 몇몇 호수는 품고 있었을 가능성이 크다. 사구에 쌓인 모래는 마른 호수 바닥에서 온 것이라고, 무니콰는 강조한다.

현재 큰 의문은 이 시기 동안 전체 회랑이 이미 열린 상태였느냐 하는 점이다. 특히 북쪽 구간에서 말이다. 무니콰는 그렇다고 생각한다. 그의 팀은 최근 앨버트 북부 자치 지역의 경계선을 따라 나 있는 더 먼 북쪽의 사구에서도 비슷한 결과를 얻은 바 있다. 그는 지질학자들 사이에 의견일치를 보았다고 말한다. "로렌타이드 빙상은 북동쪽 방향으로 폭넓은 전선을 형성하면서 물러

낳는데, 분리된 돌출부가 움직이는 방향과는 반대쪽이었습니다. 우리는 빙하가 물러간 땅이 북쪽으로 확장되는 모습을 그려볼 수 있습니다." 만약 그랬다면 아시아에서 온 탐험가들은 1만 5,000년경에 회랑으로 들어설 수 있었을 텐데, 그때는 서부 해안으로 이어지는 통로가 열린 지 거의 1,000년이나 지난 후였다.

새로운 OSL 연대는 이 회랑에 대한 새로운 관점을 자극할 것이라고, 잭 아이브(에드먼턴에 있는 앨버타 대학교)가 말한다. "그 회랑 구역을 충분히 탐구했다고 보통 생각하곤 하는데, 중대한 실수입니다. 사실 그 방대함을 고려할 때, 우리가 그 회랑에 대해 아는 바는 거의 없습니다." 아이브는 단언한다. 북부 회랑에서 가장 오래되고 광범위하게 받아들여지는 인류에 대한 증거는 1만 2,000년 전으로 거슬러 올라가지만, 아이브는 미래의 고고학 조사가 보다 이전의 많은 유적지들을 발굴해낼 수 있을 것이라 생각한다. "나는 해안이 제1고속도로라면, 회랑은 제2고속도로라고 생각합니다." 그가 재치 있게 말한다.

후퇴하는 얼음에 의해 씻겨나가고 차가운 바람이 불어대는 새로 열린 회랑은, 초기 여행자들에게는 무시무시한 곳이었을 것이다. 그럼에도 뉴저지 주의 모리스타운에 본부가 있는 루이스버거 그룹의 고고학자 스튜어트 피델의 주장에 따르면, 베링 육교에 있었던 수렵채집인들은 물새 떼가 가을에 남쪽을 향했다가 봄에 되돌아오는 것을 지켜본 이후 회랑을 탐험해보기로 결심했을 가능성이 있다. 식량은 부족했겠지만 탐험가들은 칼로리가 풍부한 새나 큰 동물을 사냥할 수 있었을 것이라고, 피델은 말한다. 최근의 유전 자료가 보여주는 바에 따르면, 산양들이 유콘 강과 북부 브리티시컬럼비아 주에 있는 두 곳의 생태적 피난처에서 풀을 뜯고 있었을 것이다.

일종의 보험처럼, 여행자들은 인류의 최고 동반자와 동행했을 법하다. 고생물학 증거에 기초할 때, 시베리아 사냥꾼들은 최소한 3만 3,000년 전에 늑대를 길들인 것으로 보인다. 피델은 초창기 개들은 사냥 동반자이자 짐 운반 동물의 소중함을 알게 해주었을 것이라고 생각한다. 역사적 시기로 볼 때, 대평원 위의 수렵채집인들은 잠자리와 피난처 용도인 동물 가죽에서부터 저장 식량에 이르기까지 갖가지 짐을 운반하는 데 개를 이용했다. 실험에 따르면 개는 27킬로그램 정도를 운반할 수 있다고, 피델이 말한다. 더욱이 1994년에 출판된 연구에 따르면, 13킬로그램의 일용품을 운반하는 개들은 온도가 차가운 환경 속에서 하루 동안 27킬로미터를 여행할 수 있음이 밝혀졌다. 기아의 위협에 놓일 때, 이주자들은 자신의 개들 중 일부를 잡아먹었을 것이다.

피델은 개척자들이 회랑의 남쪽 끝에 도착하는 데 4개월이 채 안 걸렸을 것으로 계산했다. 하루에 16킬로미터를 이동하는 완만한 속도로 여행했을 경우를 가정했다. 엄혹한 환경을 벗어나자 그들 눈앞에는 처음으로 깜짝 놀랄 만한 풍요로운 환경이 펼쳐졌을 것이다. 따뜻한 초원에 매머드, 들소, 말 떼가 가득하고, 습지와 호수에는 물새들이 군데군데 모여 있고, 바다에는 물고기와 해양 포유류가 득실거렸다. 인간 경쟁자들이 없는 그곳은, 가능성의 신세계였다.

클로비스 조상들

버터밀크 샛강에 현장 캠프 본부로 꾸며진 냉방기가 설치된 집에서, 워터스는 작은 랩톱 컴퓨터 크기인 암흑 상자에서 덮개를 들어올렸다. 처음에는 안에 놓인 클로비스 이전의 석기 하나를 집어 올렸고, 그 후에는 20여 점을 들어 올렸다. 근처의 버터밀크 샛강에서 발견된 현재의 광택 나는 규질암으로 만들어진 돌칼과 여타 도구들이었다. 인상적으로 조밀하고 가벼웠는데 일부는 그 길이가 수 센티미터를 넘지 않았다. 워터스는 말하길, 초기 탐험가 무리에게는 이상적인 도구 상자였을 것이다.

워터스는 이런 도구들 중 일부(특히 돌칼과 돌도끼)에서 다른 점을 보기도 했다. 클로비스인의 기원에 대한 새로운 단서였다. 클로비스 이전 사람들이 여기서 돌칼과 돌도끼를 휘두른 지 2,500년쯤 후, 클로비스 사냥꾼들은 북아메리카를 가로질러 비슷한 기법을 채택하여 육중하고 긴 돌칼(일부는 21센티미터가 넘는다)을 만든다. 워터스의 관찰에 따르면 이런 기술의 연속성은 두 집단 사이의 관계를 강력히 암시한다. 멀리 아시아에서 온 이주자인 유명한 클로비스 사냥꾼들도 버터밀크 샛강에 살았던 초기 사냥꾼들과 같은 무리의 후손일 수 있다. "그것은 마치 그들이 빙상의 남쪽에서 기원했던 것처럼 보이게 합니다." 그가 말한다.

하지만 모든 의심 너머에 있는 사실은 최초의 아메리카인과 그들의 후손이 지략 풍부한 개척자들이었다는 점이다. 그들은 인류의 정착 가운데 가장 긴 지리적 팽창을 견뎌냈다. 용감하게 미지의 세계를 헤쳐 나갔던 그들은 두 대류에서 광대한 생태계의 배열에 능숙하게 적응해냈다. 이런 초기 아메리카인은 우리의 존경을 받을 만하다고, 테네시 대학교의 고고학자 데이빗 앤더슨은 말한다. "나는 그들이 인간성의 고갱이를 의미하는 생존과 모험의 정신을 모범적으로 보여준다고 생각합니다."

4

사라진 인류

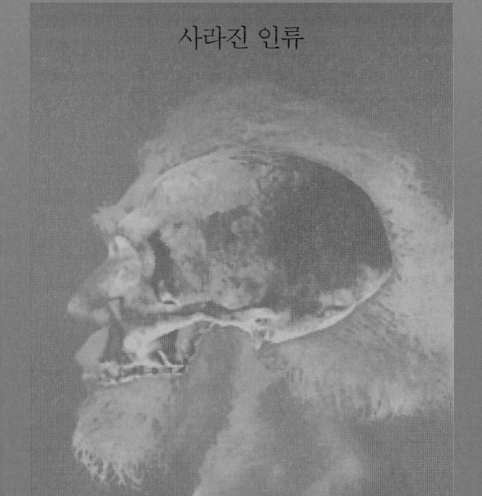

4-1 네안데르탈인의 여명

케이트 윙

2만 8,000여 년 전, 현재 영국령 지브롤터에서 한 무리의 네안데르탈인이 바위투성이의 지중해 해안을 따라 근근이 삶을 이어가고 있었다. 그들이 그 종의 최후일 가능성은 꽤나 높았다. 유럽과 서아시아의 다른 곳에서 네안데르탈인은 수천 년 전에 이미 사라졌는데, 20만 년 넘도록 지배적 삶을 누린 후에 그런 운명에 처하고 만 것이다. 비교적 온화한 기후에 풍부한 동물과 식물을 지닌 이베리아 반도는 최후의 요새와 같은 역할을 했던 것으로 보인다. 그렇지만 지브롤터 인구 집단도 곧 마찬가지로 사라지고 말 운명이었는데, 드문드문 흩어져 있는 석기와 야영지에서 불에 탄 유물만을 뒤에 남겨놓았을 뿐이다.

1856년 최초의 네안데르탈인 화석이 발견된 이후 쭉, 과학자들은 계통수에서 사라진 이 인류의 위치와 그들의 미래를 둘러싸고 논쟁을 벌여왔다. 최근에 이루어진 네안데르탈인의 DNA 분석 결과는 그들이 현생인류와 교배했었음을 보여준다. 더욱이 연대 측정법의 개선 덕분에 4만여 년 전에 시작된 현생인류의 유럽 침공 이후 곧바로 사라진 것이 아니라 그 후로도 1만 5,000년 이상 생존했었음을 알아냈다. 이런 발견들은 현생인류가 그들의 영토에 들어섬으로써 네안데르탈인을 멸종시켰다고 봤던 가설이 사실과 다름을 분명하게 보여주고 있다. 그렇다면 진화적으로 우리와 가장 가까운 친척들은 어떻게 멸종하게 된 것일까? 쌓이고 있는 증거에 따르면, 대답은 복잡하게 뒤엉킨 압박들의 상호작용과 관련이 있다.

요동치는 세계

새로운 계통에서 네안데르탈인이 멸종된 이유에 대해 가장 많은 정보를 제공해주는 증거들 중 하나로 고(古)기후 자료를 들 수 있다. 학자들은 한동안 네안데르탈인이 자신들의 오랜 전성기 동안 빙하기 환경과 더 따뜻한 간빙기 환경 모두를 경험했다고 생각했다. 그렇지만 최근 들어 그린란드, 베네수엘라, 이탈리아 등과 같은 지역에서 채취된 고대의 얼음, 바다의 퇴적물, 꽃가루에 갇힌 동위원소의 분석을 통해, 탐구자들은 산소동위원소 3기(OIS-3)로 알려진 기간 동안 발생했던 기후 변화의 훨씬 정교한 그림을 재구성할 수 있게 되었다. 대략 6만 5,000년에서 2만 5,000년 전 사이 시기에 걸쳐 있는 OIS-3는 온화한 환경과 함께 시작하여 북부 유럽을 덮고 있었던 빙상과 더불어 정점을 찍었다.

네안데르탈인이 OIS-3가 시작될 때 유럽에 존재했던 유일한 호미니드였다는 점과 현생인류가 그 시기 마지막에 유럽으로 진출했다는 사실을 고려하여, 전문가들은 급랭하는 온도가 네안데르탈인의 멸종을 부추겼던 원인이 아니었을까 생각한다. 아마도 그들은 충분한 음식을 찾지 못했거나 충분한 체온을 유지하지 못했을 수 있다. 하지만 그런 시나리오를 주장하는 입장은 한 가지 본질적 한계에 부딪친다. 즉 네안데르탈인은 이전의 빙하기 환경에서 살아

남은 바 있다.

실제로 네안데르탈인의 생물학과 행동 면면을 살펴보면 그들이 추위에 꽤나 잘 적응하였음을 알 수 있다. 그들의 원통형 가슴과 땅딸막한 사지는 체온을 유지하는 데 도움을 주었을 것이다. 물론 냉기를 피하기 위해서는 동물 모피로 만든 옷이 추가로 필요했을 것이다. 그리고 그들의 억센 체격은 한파가 몰아치는 기간 동안에도 북부 및 중부 유럽을 배회했을 털북숭이 코뿔소처럼 독립생활을 하는 거대한 포유류를 매복해서 사냥하는 일에 적응된 결과로 보인다(돌출된 이마와 같은 여타 독특한 네안데르탈인의 특징은 선택이라기보다는 유전자 표류를 통해 확립된 적응에서 중립적 형질이었을 수 있다).

하지만 온난한 기후에서 차가운 기후로 점진적으로 진행되기보다는 최후 빙하기의 극단을 향해갈수록 불안정성이 증가하면서 기후가 심하게 급작스럽게 요동쳤다는 사실을 동위원소 자료들은 보여주고 있다. 그런 요동에 발맞춰 심각한 생태적 변동이 뒤따랐다. 즉 무성한 숲이 나무 없는 초지에 길을 내주면서 순록이 특정 종류의 코뿔소로 대체되었던 것이다. 개인의 생애주기 동안 한 주기가 마무리될 정도로 이런 요동은 너무도 빠르게 진행되었다. 한 개인이 성장과정에서 함께한 모든 식물과 동물이 사라져버리기도 하고, 익숙하지 않은 식물상과 동물상으로 변경되기도 한 듯하다. 그리고 그런 다음, 마찬가지로 빠르게, 환경은 다시 원상회복되기도 했으리라.

진화생물학자로서 지브롤터에 있는 몇몇 발굴 현장에서 진행을 이끌고 있는 지브롤터 박물관의 클라이브 핀레이슨과 같은 전문가가 제시하는 시나리오에 따르면, 네안데르탈인의 인구 집단을 되돌릴 수 없는 지경으로 점차 몰아넣은 것은 이런 환경의 극심한 변동이었다(반드시 추위일 필요는 없다). 이런 변동으로 인해 네안데르탈인은 매우 짧은 기간 동안 새로운 삶의 방식을 받아들여야만 했을 것이다. 예를 들어 그에 따르면 숲 지대가 개방된 초지로 바뀌면서 매복한 사냥꾼들은 더 이상 몸을 숨길 나무가 없는 상태에 놓였을 것이다. 살아남기 위해 네안데르탈인은 자신들의 사냥 방법을 바꿔야만 했을 것이다.

일부 네안데르탈인은 변하는 세계에 적응했을 텐데, 이런 사실은 그들의 도구와 먹잇감에서 잘 드러난다. 그러나 많은 네안데르탈인은 이런 변동 기간 동안에 죽음을 면치 못했을 것이고, 그 결과 훨씬 파편화된 인구 집단만 남게 되었을 것이다. 정상적 환경이라면 이런 고대의 인류는 폭이 덜 심하고 기간이 긴 변동 속에서 이전처럼 다시 인구수를 회복할 수 있었을 것이다. 그렇지만 이번에는 급격한 환경 변화로 인해 회복할 수 있는 충분한 시간을 확보할 수 없었다. 핀레이슨이 주장하듯 결국 반복되는 기후의 고통 속에서 네안데르탈인 인구는 줄어들었고, 더 이상 자신들 종족을 유지할 수 없었다.

핀레이슨에 따르면 2009년 《플러스 원(PLoS One)》에 실린 유전 연구 결과(마르세유에 있는 메디테랑 대학교의 비르지니 파브르와 그녀의 동료들이 썼다)는 네안데르탈인 인구 집단이 파편화되었다는 주장을 뒷받침해준다. 네안데르탈인의 미토콘드리아 DNA를 대상으로 한 그 분석은 네안데르탈인이 세 개의 하부 집단으로 나뉘어 있음을 보여준다. 첫 번째는 서부 유럽으로, 두 번째는 남부 유럽으로, 세 번째는 서아시아로 갈라져나갔다. 또한 집단 인구의 규모가 늘어났다 줄어들었음도 보여주었다.

침입 종

한편 다른 연구자들은 현생인류가 유럽에 들어온 이후 네안데르탈인이 완전히 사라졌다는 사실로 미루어 침입자들이 멸종의 결정권을 쥐고 있었음을 시사한다고 생각한다. 물론 새로 들어온 사람들이 곧바로 앞서 정착한 사람들을 죽였기 때문이라고 보는 건 아니다. 그보다는 네안데르탈인이 새로 들어온 현생인류와 식량을 둘러싼 경쟁 끝에 점차 자신들 기반을 상실한 것으로 추정된다. 정확히 무엇이 현생인류에게 승리의 계기를 마련해주었는지는 상당한 논쟁거리로 남아 있다.

한 가지 가능성은 현생인류가 먹는 것에 덜 까다로웠다는 점에서 찾을 수 있다. 독일 튀빙겐 대학교의 헤르베 보체렌스가 수행한 네안데르탈인 뼈의 화학적 조성에 대한 분석에 따르면, 이들의 일부는 털북숭이 코뿔소와 같이 비교적 희귀한 거대 포유류에만 특화되어 있었다. 반대로 초기의 현생인류는 가리지 않고 모든 동물과 식물을 다 먹었다. 따라서 현생인류가 네안데르탈인 영토로 들어가서 이런 대형 동물들 일부를 잡아먹기 시작했을 때, 네안데르탈인은 곤경에 빠져들었을 것이다. 반면에 현생인류는 대형 동물의 사냥이 아니어도 작은 동물과 풍부한 식물로 이루어진 음식으로 보충할 수 있었을 것이다(그렇다고 네안데르탈인이 채소를 먹지 않은 것은 아니다. 그렇다고 해도 이야기는 크게 달라지지 않는다. 2012년 저널 《자연과학(Naturwissenschaften)》에 발표된 연구에 따르면, 스페인의 엘시드론 동굴에 살았던 네안데르탈인은 5만 년 전에 식물을 요리해서 먹었다. 여기엔 약용도 포함된다.).

"네안데르탈인에겐 그들만의 삶의 방식이 있었고, 현생인류와 경쟁하기 전까지는 오랫동안 훌륭하게 유지해왔습니다." 애리조나 주립대학교의 고고학자 커티스 매리언의 관찰이다. 매리언에 따르면 이와 대조적으로 아프리카의 열대 환경에서 진화해온 현생인류는 완전히 다른 환경 속으로 들어갈 수 있었고, 매우 창조적인 방식으로 그들이 마주한 새로운 환경에 빠르게 적응할 수 있었다. "핵심적 차이는 네안데르탈인이 현생인류처럼 인지적으로 발전되어 있지 못했다는 점입니다." 그는 단언한다.

네안데르탈인이 한 가지 재주만을 가진 조랑말 수준이라고 생각한 것은 매리언만이 아니다. 오랫동안 유지되어온 관점에 따르면, 현생인류는 뛰어난 도구 기술과 생존 기법은 물론 수다의 재능(이것은 현생인류가 보다 강한 사회적 네트워크를 형성하는 데 도움을 주었을 것이다)을 지니고 있다는 점에서 네안데르탈인을 앞서고 있었다. 이런 관점에서 보면 네안데르탈인 멍청이들은 새로운 침략자들에 맞설 수 있는 기회조차 가질 수 없었다.

하지만 점차 늘어나는 증거에 따르면, 네안데르탈인은 지금까지 주어진 평판보다 훨씬 더 똑똑했던 것 같다. 실제로 그들은 인간의 영역에만 해당한다고 한때 믿었던 많은 행동 양식을 이미 자신의 것으로 갖추고 있었다. 런던 자연사박물관에 근무하는 고인류학자 크리스토퍼 스트링거는 주장한다. "네안데르탈인과 현생인류의 경계는 점점 더 흐려져 왔습니다."

지브롤터의 발굴 현장에서는 두 인간 집단 사이의 경계선을 흐리는 발견들이 이어져왔다. 2008년 9월 스트링거와 그의 동료들은 고르함 동굴과 이웃한 뱅가드 동굴에 살았던 네안데르탈인이 돌고래와 바다표범을 사냥했을 뿐만 아니라 조개를 채집했음을 보여주는 증거를 발견했다고 보고했다. 네안데르탈인은 새와 토끼도 먹었다. 지브롤터의 발견은 손에 꼽히는 다른 발굴 현장의 유물들과 함께, 현생인류만이 해양 자원과 작은 동물 사냥을 개척했다는 기존의 생각을 뒤집어놓았다.

네안데르탈인과 현생인류의 행동 사이 경계선을 흐리는 더 많은 증거가 남서부 독일 홀레 펠스의 유적지에서 나왔다. 그곳에서 케니언 칼리지의 고인류학자 브루스 하디는 4만~3만 6,000년 전에 동굴에서 살았던 네안데르탈인이 만든 인공물을 3만 6,000~3만 3,000년 전에 비슷한 기후와 환경 조건에서 살았던 현생인류의 인공물과 비교해볼 수 있었다. 2009년 시카고에서 열린 고인류학회 발표에서, 하디는 흥미로운 사실을 보고했다. 도구들이 접촉했던 성분들을 바탕으로 시도된 도구와 거주지의 마모 패턴에 대한 그의 분석은 현생인류가 네안데르탈인보다 더 다양한 도구를 만들어낸 것은 맞지만 두 집단이 홀레 펠스에서와 거의 똑같은 활동들에 참여하고 있었음을 보여준다.

여기에는 돌살촉을 나무 손잡이에 묶기 위한 나무 송진 사용하기, 돌살촉을 찌르기 또는 던지기 무기로 사용하기, 뼈와 나무로부터 도구를 만들기 등과 같은 발전된 행위들이 포함되어 있다. 홀레 펠스의 네안데르탈인이 그 후에 살았던 현생인류보다 덜 다양한 형태의 도구들만 만든 이유에 대해 묻자, 하디는 그들이 그것들 없이도 불편하지 않게 필요한 일을 해낼 수 있었기 때문이라고 추측했다. "포도를 먹는 데에 포도 숟가락이 필요하지는 않잖아요." 그의 대답이다.

네안데르탈인에게는 언어가 없었다는 주장도 최근의 발견들에 비춰보면 가능성이 낮아 보인다. 연구자들은 최소한 그들 중 일부는 자신들의 몸을 보석과 아마도 물감으로 장식했었음을 이제는 알고 있다. 그런 상징적 행위의 물리적 표현은 고고학적 증거로부터 행위를 재구성할 때 종종 언어의 대용물로 인정되곤 한다. 그리고 2007년 요하네스 크라우제(현재는 독일의 튀빙겐 대학교에 근무하고 있다)가 이끄는 연구자들은 네안데르탈인 DNA 분석을 통해 이들이 현생인류가 보유하고 있는 언어 가능 유전자 FOXP2와 동일한 버전의 유전자를 가지고 있었음을 보여주었다.

동점 결승전(타이브레이커)

네안데르탈인과 현생인류의 행동 사이에 간극이 좁아짐에 따라서, 많은 연구자들은 현재 왜 네안데르탈인이 사라졌는지를 설명하기 위해 문화와 생물학에서의 미세한 차이를 들여다보고 있다. "대단히 불안정하며 악화된 기후 환경은 인간 집단들 사이의 경쟁을 더욱 촉발했을 수 있습니다." 현재 튀빙겐 대학교에 있는 고인류학자 카테리나 하바티가 돌아본다. "이런 맥락에서, 작은 장점조차도 엄청나게 중요하게 작용하여 생존과 죽음을 가르는 결과를 낳았을 수 있습니다."

스트링거는 현생인류가 다소 폭넓은 문화적 적응에 성공했기에, 힘든 시기의 충격을 잘 극복할 수 있었다고 설명한다. 예를 들어 현생인류가 남긴 바늘은 그들이 옷과 텐트를 손수 기웠음을 시사하는데, 이런 행위는 해변의 추위를 막는 데 도움을 주었을 것이다. 반면에 네안데르탈인은 바느질과 관련된 어떤 징후도 남기지 않았기 때문에 일부 학자들은 훨씬 더 조잡하게 조립된 장비와 피난처를 가지고 있었다고 보고 있다.

네안데르탈인과 현생인류는 집단 구성원에게 잡다한 일을 분배하는 방식에서도 차이를 보였을 수 있다. 2006년《커런트 앤트로폴로지(Current Anthropology)》에 실린 논문에서 애리조나 대학교의 스티븐 쿤과 메리 스타이너는 초기 현생 유럽인의 변화된 식생이, 남성은 큰 동물 사냥에 나서고 여성은 견과류·씨앗·딸기 등을 채집하고 준비하는 노동 분업을 촉진했을 수 있다는 가설을 내놓았다. 이와 대조적으로 네안데르탈인은 거대 사냥에 몰두했는데 그것은 아마도 그들의 여성과 어린이도 사냥에 참여했음을 의미했을 것이다. 그들은 동물을 기다리다가 잠복한 남성들 쪽으로 모는 작업을 했을 것이다. 노동 분업은 더 안정적인 식량공급과 더 안전한 양육이라는 환경을 만들어냄과 동시에 네안데르탈인의 희생을 담보로 현생인류의 인구를 불려 나갈 수 있도록 해주었을 것이다.

네안데르탈인은 스스로 식량을 얻기는 했지만, 현생인류보다 더 많은 식량을 필요로 했다. "네안데르탈인은 호미니드계의 SUV였습니다," 뉴욕 시에 있는 베네그렌 재단의 고인류학자 레슬리 아이엘로의 말이다. 대사율 측정을 목표로 하는 많은 연구들은 네안데르탈인이 현생인류보다 생존을 위한 칼로리 필요량이 상당히 높다는 결과를 내놓고 있다.

호미니드 에너지학 전문가인 위스콘신 대학교 매디슨 캠퍼스의 카렌 스투텔넘버스는 이동하는 데 드는 에너지 비용이 해부학적으로 현생인류에 비해 네안데르탈인이 32퍼센트 더 높다고 판별했다. 그것은 고대 호미니드의 크고 억센 신체 구조와 짧은 정강이뼈 때문이었는데, 그로 인해 그들의 보폭은 짧아졌을 것이다. 일일대사량을 기준으로 볼 때, 네안데르탈인은 같은 기후에서 현생인류보다 100~350칼로리를 더 필요로 한다. 이것은 현재 라이트 주립대학교에 있는 앤드루 프레일리와 듀크 대학교의 스티븐 처칠이 개발한 모델에 따른 것이다. 따라서 현생인류는 그저 연료 효율이 더 높은 덕분에 네안데르탈인과의 경쟁에서 이길 수 있었다고 볼 수 있다.

네안데르탈인과 현생인류의 차이에 대해서 주목할 만한 점이 한 가지 더 있다. 센트럴미시간 대학교의 레이철 카스파리가 주도하는 연구는, 3만여 년 전에 조부모가 되기에 충분할 정도로 오래 산 현생인류의 수가 급증하기 시작했음을 보여주었다. 정확히 무엇이 이러한 수명 증가를 촉발했는지는 확실하지 않지만, 그로 인해 사람들은 더 긴 생식 기간을 확보하고 전문 지식을 습득하여 다음 세대에 그 지식을 전달해줄 수 있는 더 많은 시간을 확보할 수 있었다. "오랜 수명은 더 큰 사회적 연결망과 더 많은 지식 축적이라는 잠재력을 제공해줍니다." 스트링거가 말한다. 반대로 더 짧은 삶을 살았던 네안데르탈인 사이에서는 지식이 사라져버리기 더욱 쉬웠을 것으로 그는 추측한다.

네안데르탈인이 사라져간 이유에 대한 더 많은 단서는 네안데르탈인 유전체의 분석에서 얻을 수 있을지 모른다. 과학자들은 현생인류의 유전체 대부분 구간의 기능적 중요성에 대해서 아는 바가 거의 없고 네안데르탈인 유전체에 대해서는 엄두도 내지 못하고 있지만, 분석을 통해 두 집단 사이의 인지적 또는 대사적 차이를 분명하게 집어냄으로써 두 집단이 얼마나 광범위하게 교배했는지를 밝혀낼 수 있는 날이 올 수도 있을 것이다.

석기시대의 미스터리는 여전히 숙제로 남아 있다. 그러나 연구자들은 한 가지 결론에 수렴해가고 있다. 즉 현생인류와의 경쟁이나 기후와의 싸움 또는 그 둘의 일정한 조합이 네안데르탈인을 멸종시킨 최우선 동인이었는지는 차치하고라도, 이러한 고대 호미니드 개별 집단의 멸종을 불러왔던 구체적 요인들은 인구 집단마다 달랐을 것이다. 일부 인구 집단은 질병으로 사라졌을 수 있고, 다른 인구 집단은 동종교배가 원인일 수 있다. "계곡마다 각각의 사연을 품고 있습니다." 핀레이슨이 말한다.

2만 8,000여 년 전 지브롤터의 해변 동굴에 살았던 최후의 네안데르탈인에 대해서, 핀레이슨은 그들이 자신의 시대를 현생인류와 경쟁하느라 허비하지 않았으리라고 확신한다. 네안데르탈인이 사라지고 난 이후 수천 년 동안 현생인류가 그곳에 정착하지는 않았던 것으로 보이기 때문이다. 그렇지만 그들의 나머지 사연은 발견을 기다리며 여전히 남아 있다.

기후 변화가 네안데르탈인의 운명을 결정했을까?

아마도 5만 5,000년 전쯤 출발하여, 유라시아 대륙에서 기후는 혹한에서 온난까지 심하게 흔들리기 시작했고, 이는 수십 년 주기로 반복되었다. 갑작스런 한파 기간 동안, 빙상이 전진하면서 나무가 우거졌던 네안데르탈인들이 거주하는 대부분의 지역들은 나무가 없는 툰드라 환경으로 바뀌었다. 환경의 변화와 함께 먹잇감인 동물들도 함께 이동했다. 과거 기후변동은 주기의 폭이 넓었기에 줄어든 네안데르탈인의 인구가 새로운 환경에 적응하여 다시 반등할 수 있는 충분한 시간을 확보할 수 있었다.

하지만 이번에는 급격한 변화로 회복이 불가능했을 것이다. 3만 년 전쯤 아주 소수 집단의 네안데르탈인들만이 비교적 온화한 기후와 풍부한 자원의 이베리아 반도에서 명맥을 유지했을 것이다. 그러나 이런 집단들은 규모가 너무 작고, 파편화되어 있어서 스스로를 유지할 수 없었고, 마침내 사라졌을 것이다. 아래의 지도는 2만 년 전쯤 최후의 빙하기가 극에 달했던 시기의 환경을 보여준다. 이런 환경은 네안데르탈인들이 전성기의 종말을 향해가면서 견뎌내야 했던 극단적인 조건과 매우 유사했을 것이다.

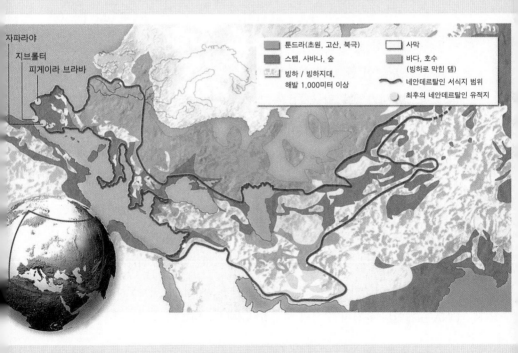

자파라야
지브롤터
피게이라 브라바

툰드라(초원, 고산, 북극)
스텝, 사바나, 숲
빙하 / 빙하지대,
해발 1,000미터 이상
사막
바다, 호수
(빙하로 막힌 댐)
네안데르탈인 서식지 범위
최후의 네안데르탈인 유적지

케이트 웡

현재 아프리카 외부에 살고 있는 사람들 DNA의 4퍼센트까지, 그 기원이 네안데르탈인이다. 네안데르탈인과 초기 현생인류 사이의 교배의 결과였다. 그 결론은 막스플랑크 진화인류학 연구소의 스반테 파보가 이끄는 과학자들의 성과에 기초하고 있다. 파보는 네안데르탈인 유전체 배열 초안(전체 유전체의 60퍼센트 정도를 차지한다)을 완성했다. 이 초안은 크로아티아에 있는 빈디야 동굴에서 출토된 3만 8,000년 전의 네안데르탈인 뼈 세 개에서 얻은 DNA를 이용해서 작성한 것이다.

네안데르탈인이 현생인류의 DNA에 기여했다는 증거는 탐구자들에게 일종의 충격으로 다가왔다. 탐구자들은 그 결과를《사이언스》2010년 5월 7일 자에 실어놓았다. "처음에 나는 그것이 일종의 통계적 사기라고 생각했어요." 원격 기자회견에서 파보가 말했다. 그 발견은 그의 앞선 연구와 첨예하게 부딪쳤다. 1997년 그와 동료들은 최초로 네안데르탈인 미토콘드리아 DNA의 염기서열을 읽어냈다. 미토콘드리아는 세포의 에너지를 생산하는 기관이고 고유한 DNA를 지니는데, 세포핵 속에 있는 훨씬 더 긴 DNA 염기서열과는 독립적으로 존재한다. 그들의 분석 결과는 네안데르탈인이 현생인류 미토콘드리아 DNA에 아무런 기여도 하지 않았다는 것이다. 그럼에도 미토콘드리아 DNA는 개인의 유전자 구성의 미세한 부분만을 나타내기 때문에 네안데르탈인 핵 DNA가 다른 이야기를 전해줄 가능성은 여전히 남아 있었다. 이전까지 연구자들은 추가적인 유전자 분석을 통해 다음과 같은 결론을 내리고 있었다. 즉 호모 사피엔스는 아프리카에서 태어났고, 외부로 퍼져나가면서 그들과 섞이지 않은 채 조우한 고대 인간들을 대체했다. 이런 이야기는 아프리카 기원설로 알려져 있다.

하지만 그들이 뒤섞인 것은 분명하다. 파보의 팀은 오늘날 인류에게 있는 핵 유전체 변이의 패턴을 면밀히 살핀 다음, 아프리카인들에게서는 보이지 않고 비(非)아프리카인들에게서 나타나는 변이들이 존재하는 유전체 구간 12곳을 파악할 수 있었다. 따라서 그 변이들은 아프리카에 살지 않았고 유라시아에만 살았던 네안데르탈인에게서 유래했을 가능성이 크다. 연구자들은 그런 구간들을 네안데르탈인 염기서열의 동일한 구간들과 비교하는 방식을 통해 총 12개의 변이 가운데 10개가 네안데르탈인에게서 왔다는 사실을 발견했다. 네안데르탈인의 유전자 기여가 기능적 중요성에 어떤 의미를 부여했다고 꼭 집어 말하기는 힘들지만, 후속 분석을 통해 네안데르탈인이 질병과 싸우는 유전자를 전달했을 가능성은 파악할 수 있었다.

흥미롭게도 연구자들은 유럽인과의 특별한 친연성을 탐지하지 못했다. 이 친연성은 네안데르탈인이 2만 8,000년 전쯤 멸종하기 이전에 다른 곳보다 유럽에서 더 오래 거주했으리라는 예상에서 비롯한 기대였지만, 그들의 염기서열은 오늘날 프랑스, 파푸아뉴기니, 중국 출신 사람들 모두의 염기서열과 거의 비슷했다. 연구자들은 그 이유를 이렇게 설명한다. 이종교배가 이루어진 것은 8만~5만 년 전의 중동 지역에서였는데, 이때는 현생인류가 구세계의 여러 지역으로 퍼져나가면서 서로 다른 집단으로 갈라지기 전이었다.

오랫동안 화석을 바탕으로 유라시아의 네안데르탈인 및 동아시아의 호모 에렉투스와 같은 고대 인류가 초기의 현생인류와 짝을 지었기 때문에 우리 조상으로 간주될 수 있다고 주장해왔던 고인류학자들에게 이종교배는 놀라운 일이 아니었다. 소위 현생인류 기원에 대한 다지역 진화론(기원론)이다. 따라서 현생인류에게 존재하는 네안데르탈인의 DNA 탐지는 이런 과학자들에게 반가운 소식으로 다가온다. "그것은 다지역 진화를 뒷받침하는 중요한 증거입니다." 이 이론을 주도하고 있는 미시간 대학교의 밀퍼드 울포프가 말한다.

준비된 발표에서 아프리카 기원론의 이론가이자 런던 자연사박물관에 근무하는 크리스토퍼 스트링거는 그 유전체 결과를 통해 "아프리카 외부에 있는 우리들 중 다수가 일부 네안데르탈인 유전 형질을 지니고 있다"고 인정했다. 그러나 그는 우리 종의 기원은 대부분이 아프리카 이야기에서 비롯한다고 말한다. 스위스 베른 대학교의 집단유전학자 로렌스 엑스코피에는 이에 동의를 표하고, 주장되고 있는 혼합은 현생인류가 유럽으로 이동하면서 지속되지 않았다고 덧붙였다. "모든 종 형성 시나리오를 고려할 때, 두 개의 발산하는 종이 이종교배 가능한 상태로 남아 있는 시간대가 존재합니다." 그가 설명한다.

초기 현생인류가 상호작용했던 방식을 구체화하는 것에 더해, 네안데르탈

178

인 유전체는 현생인류 유전체의 어떤 구간들이 우리를 다른 모든 생명체와 구분 짓게 해주는지 알려주는 데 도움을 준다. 현재까지 파보의 팀은 네안데르탈인에게서 볼 수 없고 현생인류의 적응을 도왔을 것으로 추정되는 염기배열의 변이를 포함하고 있는 다수의 현생인류 유전체 구간들을 조사하고 있다. 이런 구간들의 일부는 인지적 발전, 정자의 움직임, 피부의 생리학 등과 관련되어 있다.

현생인류의 염기배열에서의 이런 조그만 차이가 해당 유전체 구간들의 기능성에 정확하게 어떤 영향을 미쳤는지는 아직 해결해야 할 연구 과제로 남아 있다. 파보는 말한다. "이것은 현재 가능해진 인간의 고유성을 둘러싼 탐구의 서막에 불과합니다."

4-3 인도네시아의 호빗을 다시 생각하기

케이트 웡

2004년 인도네시아의 플로레스 섬에 있는 리앙 부아(Liang Bua) 동굴에서 발굴 작업을 하던 호주와 인도네시아 과학자 팀이 뭔가 이상한 것을 발굴했다고 발표했다. 선키가 1미터에 두뇌 크기가 현생인류의 3분의 1에 불과한 성인 여성의 뼛조각 일부. 과학자들에게 LB1로 알려진 그 표본에는 곧 기발한 별칭이 붙여졌다. 호빗이라는, 톨킨의 소설에 나오는 피조물의 이름이다. 그 연구자들은 발굴해낸 LB1과 여타 유해 파편들에 현재까지 알려지지 않았던 새로운 인간종, 호모 플로레시엔시스(*Homo floresiensis*)라는 이름을 붙일 것을 제안했다. 그들의 최고 추측은 호모 플로레시엔시스가 호모 에렉투스(아프리카 외부에서 식민지를 개척한 것으로 알려진 최초의 종)의 후손이었다는 것이다. 그들의 추론에 따르면, 이 생명체는 본거지인 섬에서 활용 가능한 자원의 한계에 대한 대응으로 몸 크기가 작아지는 쪽으로 진화해왔다. 이런 현상은 다른 포유류의 경우에 예전에 보고된 바가 있었지만, 인간에게는 발견된 적이 없는 것이었다.

이 발견은 고인류학자 사회를 온통 흔들어놓았다. 호모 플로레시엔시스가 소위 섬의 법칙을 따르는 최초의 인간 사례를 뒷받침해주고 있을 뿐만 아니라 인간 진화 과정의 보편적 경향성인 보다 더 큰 뇌에 반하는 것처럼 보였기 때문이다. 더욱이 작은 체구와 작은 뇌의 개인들이 발굴된 곳과 같은 곳에서 동물들을 사냥하고 도살하기 위한 석기도 함께 출토되었고, 그런 고기를 요리하기 위한 불의 잔류물도 함께 발견되었는데, 이런 행위는 같은 뇌 크기의 침팬지에 비하면 진일보한 것이었다. 그리고 놀랍게도 LB1이 살았던 때는 1만 8,000년 전에 불과했다. 이때는 우리의 마지막 친척인 네안데르탈인과 호모 에렉투스가 사라진 이후 수천 년이 지난 후였다.

회의론자들은 LB1이 성장 장애를 일으키는 질병을 지닌 현생인류에 다름 없다고 빠르게 부정해버렸다. 그리고 발견에 대한 발표가 있고 난 후, 그들은 크레틴병에서 라론신드롬(성장호르몬 불감증을 초래하는 유전적 질병)에 이르기까지 표본의 독특한 특징들을 설명할 수 있는 가능한 조건들을 다수 제안했다. 하지만 그들의 주장은 각각의 진단들과 대비되는 증거들을 동원하여 반박하는 호빗 주창자들을 설득할 수 없었다.

뒤섞인 혼성곡

그럼에도 최근의 분석들은 주창자들조차 발견에 대한 독창적 해석의 중요한 측면을 다시 생각해보도록 만들고 있다. 고인류학자들은 이 발견으로 아프리카 외부를 향한 호미닌의 최초 이주와 같은 인간 진화의 분수령에 해당하는 순간에 대해 이미 확립되어 있던 관점들을 재검토할 수밖에 없게 되었다(여기서 호미닌이란 침팬지로부터 갈라져 나온 인간 계통에 속하는 모든 생명체를 말한다).

최신 연구에서 비롯된 가장 놀라운 깨달음은 LB1의 몸이 여러 모로 얼마나 원시적인가 하는 점이다(현재까지 발굴자들은 그 현장에서 14명분의 뼈를 발견했지만, LB1이 가장 완벽한 표본이다). 처음부터 표본은 320만 년 전의 루시(오스트랄로피테쿠스 아파렌시스로 불리는 인간 조상들 중 가장 유명한 대표 화석)와 비교될 수밖에 없었다. 왜냐하면 그들은 키가 대략 비슷했고, 마찬가지로 작은 뇌를 지녔기 때문이다. 그러나 LB1는 루시 및 여타 호모 에렉투스 이전의 호미닌과 크기가 비슷하다는 것 이상을 갖춘 것으로 드러났다. 그녀의 많은 특징들은 거의 유인원이라고 해도 손색이 없을 정도였다.

2009년 5월 기괴한 형태학을 선보인 호빗의 특별히 놀라운 사례가 수면 위로 떠올랐다. 그때 스토니브룩 대학교의 윌리엄 융거스가 이끄는 연구자들이 LB1의 다리에 대한 분석 결과를 출판했다. 그 발은 현대인의 특징을 일부 지녔다. 예를 들면 엄지발가락이 다른 발가락들과 나란히 정렬되어 있는데, 그것은 엄지발가락이 옆쪽으로 벌어져 있는 유인원이나 오스트랄로피테쿠스 계열과 대비되었다. 그러나 전반적으로 다리는 오래전 유형이었다. 길이가 대략 20센티미터인 LB1의 발은 짧은 넓적다리와 비교했을 때 그 비율이 70퍼센트에 달하는데, 이는 인류 계통의 구성원들에게는 전례가 없는 비율이다. 평균적으로 현생인류의 발 길이는 넓적다리 길이의 55퍼센트에 해당한다. 이 비율을 고려할 때, LB1과 가장 잘 맞는 것은 피그미침팬지이다(물론 톨킨의 상상 속에 등장하는 발이 큰 호빗은 제외하고 말이다). 더욱이 LB1의 엄지발가락은 짧은데 다른 발가락은 길고 약간 굽었으며 발은 아직 장심(발바닥의 한가운데 움푹한 곳)이 없다. 이 모두는 영장류에 가까운 특성이다.

"이와 같은 발은 인간 화석 기록에는 결코 존재한 적이 없다." 융거스는 신문에 이렇게 썼다. 골반, 다리, 발의 특징들은 호빗이 직립 보행을 했음을 분명하게 보여준다. 그러나 그들의 짧은 다리와 비교적 큰 키를 고려할 때, 그들은 땅에 발가락이 끌리는 것을 피하고자 발을 높이 드는 방식으로 걸을 수밖에 없었을 것이다. 따라서 그들은 짧은 거리는 뛸 수 있었겠지만(예를 들어 플로레스를 어슬렁거렸던 코모도왕도마뱀의 먹이가 되는 일을 피하기 위해서) 마라톤에서는 결코 이길 수 없었을 것이다.

만약 발이 그런 원시인의 특징을 보여주는 호빗의 유일한 부분이라면, 과학자들은 호모 플로레시엔시스가 호모 에렉투스의 왜소해진 후손이라는 주장을 비교적 쉽게 받아들이고, 발 형태를 왜소화의 결과로 발생한 역진화 탓으로 돌릴 수 있었을 것이다. 그러나 문제는 고대의 특성들이 LB1의 전체 골격에서 발견된다는 점이다. 작은마름뼈라는 손목에 있는 뼈가 피라미드처럼 생겼는데, 그것은 우리 종의 장화 모양과는 다른 것으로 유인원에 가깝다. 빗장뼈는 짧고 꽤 휘었는데, 그 또한 현대적 신체형의 호미닌에게 있는 길고 곧은 빗장뼈와는 대조적이다. 골반은 물동이 형태로서 오스트랄로피테쿠스 계통과 비슷하며, 깔때기 형태인 호모 에렉투스와 여타 후기 호모들과는 다르다. 이런 사례는 계속된다.

실제로 목 아래를 볼 때 LB1은 호모속보다는 루시나 여타 오스트랄로피테쿠스 계통과 더 닮아 보인다. 그러나 그녀의 머리뼈에는 복잡한 사연이 존재한다. 머리뼈의 용량은 417세제곱센티미터(침팬지와 오스트랄로피테쿠스 계통의 범위에 포함되는 용량)에 불과하여 자몽 크기 정도일 뿐이지만 좁은 코와 같은 머리뼈의 특징은 LB1이 우리 호모속의 일원임을 나타낸다.

원시적 뿌리들

호모속과 같은 머리뼈의 특징에 갈비뼈와 팔다리에 있는 원시적 특징들이 결합된 화석이란 전례가 없는 것이다. 호모 하빌리스와 같은 호모속의 초기 구성원들도 옛것과 새것의 뒤범벅을 보여준다. 따라서 호빗의 후두개골의 구체적 내용이 드러나자, 연구자들은 이 작은 플로레스 섬사람들이 현대적 체형 비율을 갖춘 호모 에렉투스의 후손이 아니라 원시적 호모에 속하는 것은 아닌지 하는 의구심을 가지게 되었다.

캔버라에 있는 호주 국립대학교의 데비 아규와 그녀의 동료들에 의해 수행된 분석은 이런 관점을 강화해주었다. 그 팀은 호빗과 인간 계통의 다른 구성원들과의 관련성을 밝히기 위해 분기학(생물체 사이의 관계를 밝히기 위해 공유되는 형질과 새로운 형질을 면밀히 조사하는 기법)을 채택하여 유인원은 물론 인간 계통 다른 구성원들의 분석학적 특징들과 LB1의 특징들을 비교했다.

2009년 아규와 공동 연구자들은 《저널 오브 휴먼 에볼루션(Journal of Human Evolution)》에 실린 논문에서, 자신들의 연구 결과가 호미닌 계통수의 호모 플로레시엔시스 가지를 설명해줄 수 있는 가능한 두 가지 입장을 제시해준다고 보고했다. 첫 번째 입장은 호모 플로레시엔시스가 호모 루돌펜시스(*Homo rudolfensis*)라고 불리는 호미닌의 뒤를 이어 진화했다는 것이다. 호모 루돌펜시스는 230만 년 전에 출현했는데, 그것은 약 200만 년 전에 출현했던 호모 하빌리스보다 앞서 있었다. 두 번째 입장은 호모 플로레시엔시스는 호모 하빌리스 이후에 출현했는데, 약 180만 년 전에 출현한 호모 에렉투스보다 꽤나 앞서 있었다. 더욱 중요한 것은 아규의 팀이 호모 플로레시엔시스와 호모 에렉투스가 서로 가까운 사이였음을 뒷받침해줄 수 있는 근거를 발견하지 못했다는 점이다. 따라서 이런 사실은 호빗이 호모 에렉투스가 섬에 고립되어 왜소해진 산물이라는 가설에 결정타를 날렸다(이 연구는 또한 호빗이 우리 종에 속한다는 가설도 기각한다).

만약 호빗이 호모 에렉투스에 앞서는 호모속의 매우 초기 종이라면, LB1의 작은 머리를 설명하기 위해서는 계통수 상에서 갈 길이 멀어 보인다. 호모속의 최초 구성원들이 평균적인 호모 에렉투스가 지녔던 것보다 크게 모자라는 회백질을 지녔던 듯하기 때문이다. 아쉽게도 아규의 발견은 뇌 문제를 완벽하게 해결해주지 못했다. LB1을 제쳐두었을 때, 호모속 가운데 두뇌가 가장 작다고 알려진 것은 호모 하빌리스 표본인데, 측정된 두뇌 용적은 509세제곱센티미터이다. LB1의 뇌는 그것보다 20퍼센트나 더 적었다.

섬왜소증이 호빗의 뇌 크기를 결정하는 데 중요한 역할을 했던 것은 아닐까? 발견 팀이 처음에 LB1의 작은 뇌를 섬왜소증 탓으로 돌렸을 때, 비판가들은 뇌와 신체의 크기 비율에 대한 척도에 기초했을 때 그녀의 뇌는 그녀와 몸 크기가 비슷한 호미닌의 뇌와 비교할 때 훨씬 작은 편이라고 불평을 늘어놓았다. 왜소증이 진행되고 있는 포유류들의 경우, 적절한 수준의 뇌 크기 감소만을 선보인다. 그러나 섬에 있는 포유류의 왜소화는 특별한 경우를 보여주기도 한다. 런던 자연사박물관에 근무하는 엘리너 웨스턴과 에이드리언 리스터는 아프리카의 섬 국가인 마다가스카르에서 왜소증을 겪은 화석 하마의 여러 종에서 뇌 크기가 표준 척도 모델에서 예측했던 것보다 훨씬 더 줄어들었음을 발견했다. 자신들의 하마 모델에 기초하여, 그 연구자들은 이렇게 주장했다. 조상인 호모 에렉투스의 크기로부터 섬왜소증을 통해 LB1의 뇌와 신체 비율을 얻을 수 있는 가능성을 확인할 수 있다.

하마에 대한 작업은 하버드 대학교의 다니엘 리버먼 같은 연구자들에게 인상적으로 느껴졌다. 리버먼은《네이처》에 실린 웨스턴과 리스터의 논문에 대한 논평에서, 그들의 발견이 호모 플로레시엔시스가 어떻게 해서 그와 같은 작은 뇌를 갖게 되었는지를 설명하는 작업을 "구조해냈다"고 썼다.

일부 전문가들은 여전히 최초의 호빗 설명을 선호하지만, 리앙 부아 프로젝트의 조율을 돕고 있는 호주 울런공 대학교의 마이크 모우드는 LB1의 조상들이 플로레스 섬에 도착했을 때부터 이미 작았고, 그 섬에 도착한 후에 "약간의 섬왜소증을 겪었을" 수 있다고 생각한다.

호빗이 남긴 인공물들은 호모 플로레시엔시스가 원시적 호미닌이라는 주장이 사실임을 뒷받침해준다. 최초의 발견에 대한 초기의 보고들은 리앙 부아에 있는 호빗 지층에서 발견된 소수 석기들에 초점이 맞춰져 있었다. 그런 석기들은 그처럼 작은 뇌로 만들었다고 보기에는 놀라울 정도로 정교했다. 회의론자들은 이런 사실을 끌어들여 호빗이 새로운 종이 아니라 현생인류였다는 자신들의 주장을 뒷받침하고자 했다. 그러나 호주 뉴잉글랜드 대학교의 마크 무어와 현재는 울런공 대학교에 있는 아담 브룸이 수행한 후속 분석을 통해 호빗의 도구상자가 전체적으로 초보적이며, 뇌가 작은 다른 호미닌들이 만들어낸 도구의 연장선상에 놓여 있음을 밝혀냈다. 무어와 브룸은 이렇게 결론지었다. 리앙 부아에 있는 호빗들이 수천 개의 도구들을 제작했다는 점을 고려하면, 일부 발전된 형태의 도구가 우연히 생산되었으리라는 점은 예상 밖이 아니다.

도구를 만들기 위해서 호빗은 동굴 밖에 있는 바위에서 커다란 얇은 조각을 떼어낸 다음에 동굴 안으로 끌고 들어온 큰 박편을 다시 깨서 작은 박편을 만들었는데, 이것은 88만 년 전(현생인류가 그 섬에 모습을 드러내기 훨씬 전)에 리앙 부아에서 동쪽으로 50킬로미터 떨어져 있는 플로레스의 다른 유적지 마타 멩게(Mata Menge)에 거주했던 인류가 사용했던 단순한 석기 제작 기법이었다(마타 멩게 석기 제작자의 정체는 알려지지 않고 있는데, 아직까지 그곳에서 인간 유해가 발굴되지 않았기 때문이다. 그러나 그들이 리앙 부아의 왜소화된 거주자들의 조상이었을 가능성은 충분하다). 더욱이 리앙 부아와 마타 멩게의 도구들은 190만 ~120만 년 전으로 거슬러 올라가는(따라서 호모 하빌리스에 의해 제작되었을) 탄자니아의 올두바이 계곡에서 출토된 인공물과도 놀라울 정도로 비슷하다.

작은 개척자

여러 면에서 수수께끼 같은 플로레스 뼈들에 대한 최신 가설은 원래 주장에 비하면 혁명적인 것에 가깝다. "호모속의 원시적 일원이 대략 200만 년 전에 아프리카를 떠났고, 그 후손 집단이 수천 년 전까지 명맥을 유지해왔을 가능성은 고인류학에서 지난 수년 동안 가장 도발적인 가설 중 하나입니다." 뉴욕 주립대학 올버니 캠퍼스의 데이빗 스트레이트가 말한다. 과학자들은 오랫동안 호모 에렉투스가 태어난 대륙에서 밖으로 걸어 나와 새로운 땅을 개척했던 인간 계통의 최초 일원으로 믿고 있었다. 화석 기록상 그들이 아프리카 외부에서 가장 오래된 호미닌이었기 때문이다. 그런 이유로 인간은 큰 뇌와 긴 보폭의 사지를 진화시키고, 그들이 마침내 자신들 고향을 떠나기 전에 정교한 기술을 발명할 필요가 있었다는 주장이 뒤따랐다.

오늘날 아프리카 외부에 존재했던 인간에 대한 가장 오래된 명료한 증거는 조지아 공화국에서 나타났다. 그곳에서 연구자들은 170만 8,000년 전 것으로 추정되는 호모 에렉투스 유해를 복원했다. 조지아 유해의 발견은 멋진 도구 상자를 지닌 건장한 체형의 개척자라는 개념을 일소해버렸다(유해는 호모 에렉투스라고 보기에는 크기가 작은 편이었다). 그들이 만든 것은 전문가들이 최초의 선구자들이 만들었을 것으로 예측하고 있는 발전된 아슐리안(Acheulean) 석기가 아니라 올도완(Oldowan)* 석기였다. 그렇지만 그들은 분명 호모 에렉투스였다.

*250만~170만 년 전 초기 인류가 만들었던 돌도끼를 말하고, 아슐리안 석기는 그 이후 호모 에렉투스에 의해 만들어진 발전된 석기를 말한다.

만약 호빗에 대한 새로운 관점의 주창자들이 옳다면, 최초의 대륙 간 이주는 원래 알려진 것보다 수십만 년 이전으로 거슬러 올라갈 것이다. 그리고 그 일을 달성해냈던 인간종은 근본적으로 달랐을 것이다. 아직 논쟁 속에 있지만, 그 종은 고인류학자들이 생각했던 개척자라기보다는 더욱 원시적인 키 작은 루시와 공통점이 더 많다. 이 시나리오는 과학자들이 만약 적절한 장소를 찾을 수만 있다면 인간 전사(前史)에서 길게 비어 있는 부분을 아프리카와 동남아시아에 퍼져 있었던 이 선구자들의 200만 년에 달하는 기록으로 채워 넣을 수 있음을 시사한다.

이런 주장에 일부 연구자들은 안주하지 않는다. "플로레스 호미닌이 갈라져 나왔다는 주장을 밀어붙이기 위해 더 먼 과거로 돌아갈수록, 왜 아프리카에서 기원했을 호미닌 계통이 플로레스라는 작은 섬에 단 하나의 흔적만을 남겼는지를 설명하는 것은 점점 더 어려워집니다." 영장류 진화 전문가인 시카고 필드 박물관의 로버트 마틴이 논평한다. 마틴은 호모 플로레시엔시스가 진정한 새로운 종이라고 믿지 않는다. 그의 관점에서 LB1(뇌 크기가 알려진 유일한 호빗)이 아직 알려지지 않은 소뇌증을 지닌 현생인류일 가능성을 배제할 수 없다. 문제는 그런 조건이 오스트랄로피테쿠스와 같은 LB1의 몸도 마찬가지로 설명해줄 수 있느냐 하는 점이다.

많은 과학자들은 뒤섞기를 환영한다. LB1은 "만약 우리가 200만 년 전에 아프리카에서 봤다면 어느 누구도 반박하지 않았을 호미닌"이다. 스미소니언 박물관의 매슈 토체리는 확신한다. 그는 호빗의 갈비뼈를 분석한 바 있다. "문제는 우리가 그것을 인도네시아에서 오늘날 시간대에 발견했다는 점입니다." 그는 덧붙인다. 좋은 소식이라면 그 사실이 더 많은 그러한 발견들이 여전히 우리를 기다리고 있음을 시사해준다는 점이다.

"우리가 아시아의 호미닌 기록에 대해서 아는 바가 얼마나 적은가를 생각한다면, 아직도 깜짝 놀랄 기회는 많습니다." 영국 셰필드 대학교 로빈 덴넬의 관찰이다. 덴넬은 오스트랄로피테쿠스 세동들도 아프리카를 떠날 수 있었을 것으로 추측하는데, 그들이 300만 년 전 아프리카에서 개척했던 초지들이 아시아로 확장되었기 때문이다. "물론 우리가 필요한 것은 더 많은 발견입니다. 플로레스, 술라웨시와 같은 이웃하는 섬, 서남아시아 본토 또는 아시아의 또 다른 곳에서." 그는 말한다.

모우드는 그런 일을 자신의 몫으로 삼아 몰두하고 있다. 리앙 부아와 중앙 플로레스의 소아 분지(Soa Basin)에서 작업하는 일에 더해, 그는 술라웨시에서 진행되는 두 프로젝트를 조율하는 데 도움을 주고 있다. 동시에 보르네오도 들여다보고 있다. 그렇지만 리앙 부아 호빗들의 조상을 찾기 위해 본토 탐색에 나서는 일은 힘든 여정이 될 텐데, 조사에 필요한 적합한 시대의 바위들이 그 지역에서는 드물게 노출되어 있기 때문이다. 그러나 얻을 것이 많으므로 과감한 사냥꾼이라면 그런 도전은 충분히 가치 있을 것이다. "만약 우리가 향후 15년 안에 그 지역에서 뭔가를 찾을 수 없다면, 잘못된 곳을 뒤지고 있는 것은 아닐까 의심하기 시작할 것 같아요." 토체리가 고민을 내뱉는다. "우리가 더 많은 완벽한 화석들을 찾아내야 한다는 것만은 분명해 보여요."

호빗의 뿌리

연구자들은 처음에는 LB1과 여타 호빗들(공식적으로 호모 플로레시엔시스로 알려져 있다)이 호모 에렉투스로 알려진 근대적 체형 비율을 지닌 인간 조상의 후손들로, 섬 본거지에서 이용할 수 있는 제한된 자원에 적응하기 위해 급격하게 왜소해졌다고 믿고 있었다. 그러나 최근의 분석은 호모 플로레시엔시스가 호모 에렉투스보다 훨씬 더 원시적인 존재로, 호모속 최초의 구성원들 중 하나인 호모 하빌리스 직후(그림의 왼쪽)나 직전(그림의 오른쪽)에 진화했다. 어느 길이든, 연구는 호모 플로레시엔시스가 다른 초기 호모속과 함께 아프리카에서 진화했으며, 그 종이 플로레스에 도착할 때는 이미 꽤나 작았음을 시사한다. 물론, 그 섬에서 일정하게 왜소화가 진행되었을 가능성은 충분하다.

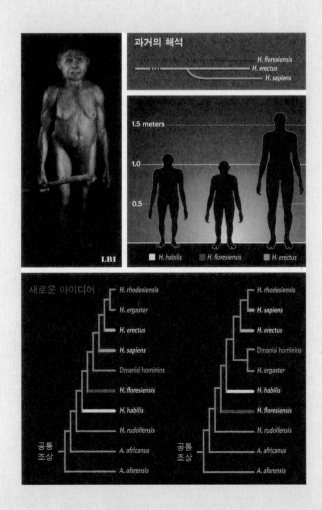

5

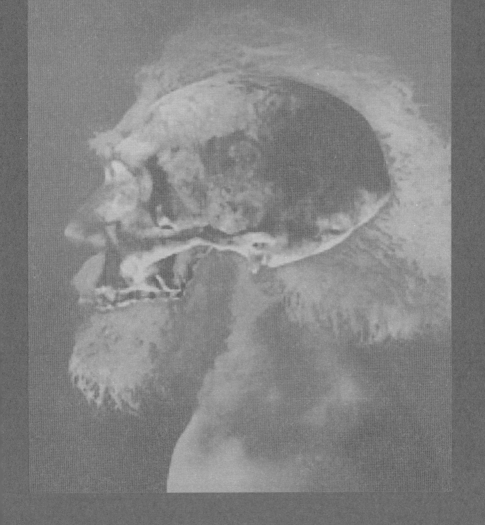

계속되는 진화

마틴 노왁

2011년 4월 일본의 후쿠시마 제1원자력발전소에 있는 원자로가 치명적인 지진과 해일로 녹아내렸다. 그 긴박한 순간에 발전소를 통제하기 위해 위험한 발전소에 재진입하는 사람들이 있었는데, 거기에는 20대인 근무자도 있었다. 그는 공기가 오염되어 있어서 그 선택이 자신에게 심각한 건강 문제를 야기할지 모르며, 그런 두려움 때문에 결혼하고 애를 갖는 일이 불가능할 수 있음도 충분히 알고 있었다. 그럼에도 그는 후쿠시마의 문을 통해 공기 중에 방사능이 가득한 발전소로 걸어 들어가서 일을 했다. 보상금은 그가 평소에 받는 임금에서 크게 벗어나지 않았다. "이 일을 할 수 있는 사람은 우리들뿐이에요." 무명으로 남고자 했던 그 작업자가 《인디펜던트 레이터(Independent later)》에 말했다. "나는 독신이고 젊어요. 그리고 이 문제를 해결하려고 돕는 것이 내 의무라고 느껴요."

원전 사고와 같은 거대한 이야기에서 항상 그와 같은 일이 벌어지지는 않지만, 자연에서는 이타적 행위의 사례들이 풍부하다. 생물체 내부의 세포들은 스스로 분열을 억제하여 암을 유발하지 않도록 조율하고, 많은 종의 일개미들은 여왕과 군체에 기여하고자 자신의 생식 능력을 희생하고, 발정기의 암사자는 또 다른 사자의 어린 사자를 핥아줄 것이다. 그리고 인간들은 음식을 얻는 일부터 짝을 찾고 영토를 지키는 것에 이르기까지 모든 사안에 걸쳐서 다른 인간들을 돕는다. 조력자들이 반드시 목숨을 거는 것은 아니지만, 그들은 다른 개체의 이익을 위해 자신들의 생식 성공 가능성을 낮추는 위험을 감수한다.

수십 년 동안, 생물학자들은 협력을 곤혹스러워했다. 앨프리드 테니슨이 매우 생생하게 표현하였듯 "붉게 물든 치아와 발톱"이라는 진화의 지배적 관점에서 볼 때 협력적 생활이 어떻게 말이 될 수 있는지 전전긍긍해왔다. 자연선택에 의한 진화(이 진화에서는 바람직한 형질을 지닌 개체가 동료들보다 더 자주 생식하고, 따라서 다음 세대에 더 크게 기여한다)를 주장의 핵심으로 삼은 찰스 다윈은 이런 경쟁을 "가장 심각한 생존 투쟁"이라고 불렀다. 그 논리를 극단으로 밀어붙이면, 곧 모든 개체는 경쟁자를 결코 도울 수 없고 앞으로 나아가기 위해서는 거짓말을 하고 속이는 일을 잘해야만 한다는 결론에 이른다. 생존의 게임에서 (어떻게 하든) 이기는 것만이 중요해진다.

그렇다면 이타적 행위의 현상은 왜 그렇게 넓게 퍼져 있는가? 지난 20년 동안 나는 이런 명백한 역설을 연구하기 위해 게임이론이라는* 도구를 사용해왔다. 내 연구에 따르면 협력은 경쟁과 대립되는 것이 아니라, 지구상 최초의 세포부터 호모 사피엔스에 이르기까지 생명의 진화 속에서 경쟁과 함께 작동해왔다. 따라서 생명은 생존 투쟁에 불과한 것이 아니다. 그것은 혹자가 말하듯 생존 껴안기이기도 하다. 그리고 진화에 미치는 협력의 영향력이 인간의 경우보다 더 큰 사례는 없었다. 내 발견은 그럴 수밖에 없는 이유를 설

*이해가 대립되는 집단의 행동을 수학적으로 다룬 이론.

명해주며, 서로를 돕는 것이 과거 우리 성공의 핵심이었듯 우리 미래에도 핵심적일 것임을 강조한다.

적대에서 동맹으로

나는 비엔나 대학교의 대학원생으로 수학과 생물학을 공부하던 1987년부터 협력에 관심을 갖기 시작했다. 알프스에서 일부 동료 학생들 및 교수들과 은둔 생활을 하는 동안, 나는 죄수의 딜레마라고 불리는 게임이론 역설에 대해 배웠다. 죄수의 딜레마는 협력이 왜 그렇게 진화생물학자들을 당혹스럽게 만들어왔는지를 우아하게 설명해준다. 딜레마는 이렇게 진행된다. 체포된 두 사람이 죄를 공모했다는 혐의로 감옥행에 직면해 있다고 상상해보라. 검사는 죄수 각자에게 따로 분리해서 질문을 던지면서 거래를 시도한다. 만약 한 사람이 다른 사람을 배신했는데 다른 사람은 가만히 있다면, 배신자에게는 1년 형이 선고되겠지만 침묵한 자는 4년 형을 선고받을 것이다. 만약 두 명이 협력해서 서로 배신하지 않는다면, 둘 모두 2년 형으로 형기가 줄어든다. 그러나만약 두 명 다 서로를 고발한다면, 둘은 모두 3년 형을 선고받게 된다.

각각의 심문은 별도로 진행되므로 어느 누구도 자신의 파트너가 배신을 했는지 협력을 했는지 알 수 없다. 보수행렬에* 가능한 결과를 나타내보면, 개인의 관점에서 최고의 도박은 배신을 하고 상대방을 고발하는 것임을

*동시 게임의 각 요소를 한눈에 알기 쉽게 표현한 도표.

알 수 있다. 그럼에도 두 당사자들 모두 동일한 논리 전개를 따라서 서로 배신

을 선택할 것이기에, 둘 모두 서로의 협력으로 인해 얻을 수 있는 2년 형 대신에 3년 형이라는 세 번째 결과를 받게 될 것이다.

죄수의 딜레마는 즉시 강력한 힘으로 갈등과 협력의 관계를 탐구하도록 나를 끌어당겼다. 결국 내 지도교수 박사인 칼 지그문트와 함께 두 명에 국한하는 것이 아니라 거대 공동체를 대상으로 딜레마의 컴퓨터 시뮬레이션을 실험하는 기법을 개발했다. 이런 접근을 통해 우리는 거대 군집에 포함된 개체들의 전략이 배신에서 협력으로 진화했다가 다시 성장과 감소를 반복한 후에 배신으로 퇴보하는 것을 볼 수 있었다. 또한 시뮬레이션을 통해서, 이기적 행위를 선호한다는 자연선택의 선입견을 극복하고 그 결과 배신자가 되려던 개체를 협력자 쪽으로 이끌어주는 기제를 파악할 수 있었다.

우리는 배신자와 협력자의 무작위 분포에서 출발했고, 게임의 각 라운드가 끝난 후에 승자는 다음 라운드에 참여할 자손을 낳을 수 있도록 허용해주었다. 자손은 부모의 전략을 거의 그대로 따랐다. 물론 무작위 변이가 그들의 전략을 바꿀 수는 있었다. 시뮬레이션을 시작하자, 우리는 몇 세대가 채 지나기 전에 집단에 있는 모든 개체가 게임의 매 라운드마다 배신하고 있다는 사실을 발견했다. 그런 다음 일정한 시간이 지난 후에 새로운 전략이 갑작스럽게 출현했다. 즉 게임 참가자들은 협력에 나서면서 상대편의 움직임에 자신의 발을 맞췄다. 분위기는 급변하여 군집 전체를 협력이 휩쓸기 시작했다.

서로 반복적으로 조우하는 개체들 사이에서 협력의 진화를 가능케 하는 이 기제는 '직접적 상호 호혜'로 알려져 있다. 흡혈박쥐는 이에 대한 놀라운 사례를 제공해준다. 만약 박쥐가 어느 날 먹이를 직접 얻을 수 있는 기회를 놓치면, 그 박쥐는 안식처로 돌아와서 배가 부른 동료들에게 구걸하게 될 것이다. 만약 운이 좋다면, 안식처 동료들 중 하나가 혈액 끼니를 토해내서 배고픈 동료의 입으로 넣어주는 방식으로 자신의 음식을 나눠준다. 흡혈박쥐는 안정적인 집단에서 삶을 영위하고 사냥 후에 매일 같은 안식처로 돌아오므로 집단 구성원들은 통상적으로 서로와 만난다. 연구에 따르면, 박쥐들은 필요한 때 어느 박쥐가 자신을 도와주었는지를 기억했다가 친절을 베풀었던 박쥐가 음식을 필요로 할 때 기꺼이 되돌려준다.

우리의 초기 컴퓨터 시뮬레이션이 훨씬 더 흥미로워질 수 있었던 것은 서로 다른 종류의 직접적 상호 호혜가 존재한다는 사실을 밝혀냈기 때문이다. 20세대가 지나지 않았을 때 초기의 되갚음 전략은 훨씬 더 관대한 전술에게 길을 내주었다. 이 전략에서, 게임 참가자들은 상대방이 배반을 하는 경우에조차 여전히 협력을 했다. 본질적으로 우리는 용서의 진화(게임 참가자에게 일시적 실수를 묵인해주는 직접적 상호 호혜 전략)을 목격했다.

직접적 상호 호혜에 더해서, 나는 나중에 협력의 진화를 위한 네 가지 기제를 추가로 파악했다. 수천 개 논문에서 과학자들은 협력자들이 진화 과정에서 지배적이 될 수 있었던 방법을 다뤘는데, 그들이 서술한 모든 시나리오는 이런 다섯 범주들 중 하나 또는 다수의 범주에 속하는 것으로 분류될 수 있다.

협력이 인구 집단에서 발판을 마련할 수 있도록 해주는 두 번째 수단은, 협력자와 배신자가 인구 집단에서 균일하게 분포되어 있는지 그렇지 않은지 여부이다. 즉 '공간 선택'이라고 불리는 기제이다. 이웃들(또는 사회 연결망에서 친구들)끼리는 서로 도움을 주려 하므로 협력자들이 점점이 박혀 있는 인구 집단의 경우에는, 조력을 제공하려는 개체들이 일정한 무리를 형성하고 그를 바탕으로 성장하여 배신자들과의 경쟁을 극복해낼 것이다. 공간 선택은 보다 단순한 유기체에서도 작동한다. 효모 세포들 가운데 협력자들은 설탕을 소화하는 데 효소를 이용할 수 있게 해준다. 여기에는 효모 협력자들의 희생이 따른다. 반면에 배신자 효모는 스스로 효소를 만들기보다 협력자의 효소를 빼앗는다. 매사추세츠 공과대학교(MIT)의 제프 고어 그리고 하버드 대학교의 앤드루 머레이가 독자적으로 수행한 연구에 따르면, 마구 뒤섞인 군집에서는 배신자 효모들이 지배적이다. 반면에 협력자와 배신자끼리 한데 뭉쳐 있는 군집에서는 협력자들이 승리를 거둔다.

가장 즉자적이고 직관적인 이타심의 진화를 위한 기제들 중 하나는 유전적으로 관련된 개체들 사이의 협력, 즉 '친족 선택'과 관련이 있다. 이 상황에서 개체는 서로 유전자를 공유한다는 이유로 자신들 친척을 위해 희생한다. 한 개체가 어려움에 처한 친척을 도움으로써 자신의 직접적 생식 적합성은 줄어들 수 있지만, 여전히 자신과 피조력자가 공유하는 유전자의 확산을 촉진하는 셈이다. 친족 선택의 개념을 처음 언급했던 20세기 생물학자 홀데인은 이렇게 말한다. "나는 두 명의 형제 또는 여덟 명의 사촌을 구하기 위해서 기꺼이 강물에 뛰어들 것입니다." 이것은 우리와 형제자매는 50퍼센트의 유전자를 공유하며, 우리 사촌들과는 12.5퍼센트를 공유함을 의미한다(친족 선택의 적합성 효과 계산은 많은 연구자를 잘못 이끌었던 조금은 복잡한 일이라는 것이 밝혀졌다. 나는 동료들과 함께 현재 친족 선택 이론의 핵심적 수학에 대해 심각한 논쟁을 진행 중이다).

협력의 출현을 촉진하는 네 번째 기제는 '간접적 상호 호혜'로서, 지그문트와 내가 처음에 연구했던 직접적 상호 호혜와는 꽤 구분되는 것이다. 간접적 상호 호혜에서, 한 개체는 궁핍한 개체의 평판에 기초하여 다른 개체를 돕기로 결정한다. 어려움에 처한 다른 사람을 돕는다는 평판을 얻은 사람은 자신의 행운이 다하여 어려움에 처했을 때 타인으로부터 선의의 도움을 받으리라 기대할 만하다. 즉 협력자는 "당신이 내 등을 긁어주면 나도 당신의 등을 긁어줄게요" 하는 마음이라기보다, "내가 당신의 등을 긁어주면, 누군가는 내 등을 긁어줄 거예요" 하고 생각할 것이다. 예를 들면 일본원숭이들 중에서 지위가 높은 원숭이(명성이 좋은 원숭이)의 몸단장을 해주는 지위가 낮은 원숭이들은 높은 분과 함께 있는 모습이 눈에 띄는 것만으로도 자신들 평판을 높일 수 있고 더 많은 몸단장을 받을 수 있다.

마지막으로 개체들은 개별 동료를 지원하는 것과는 대조적으로, 더 큰 대의를 위해 이타적 행동을 수행할 수도 있다. 협력이 뿌리를 내릴 수 있도록 해주는 이 다섯 번째 수단은 '집단 선택'으로 알려져 있다. 이 기제에 대한 최초 발견은 다윈까지 거슬러 올라간다. 그는 자신의 1871년 책《인간의 유래》에서 "서로를 도우려 하고 공동선을 위해 스스로를 희생할 준비가 항상 되어 있는 … 많은 구성원을 포함한 부족은 다른 대부분의 부족에게 승리를 거두게 될 것이다. 그리고 이것은 자연선택이 되었을 것이다." 생물학자들은 자연선택이 집단의 생식 잠재력을 향상시키기 위해 협력을 선호할 수 있다는 이런 생각을 둘러싸고 격렬한 논쟁을 펼치고 있다. 그러나 나를 포함한 연구자들이 만든 수학적 모델링은 개별 유전자에서부터 친족 개체 집단, 종 전체에 이르기까지 다양한 수준에서 선택이 가능함을 보여주었다. 따라서 기업의 노동자들은 승진의 사다리를 올라가기 위해 서로 경쟁하지만, 다른 기업과 경쟁하는 사업에서는 이기기 위해 협력하기도 한다.

모두를 위한 하나

협력의 출현을 좌우하는 다섯 기제는 아메바에서 얼룩말에 이르기까지 모든 종류의 생명체에 적용할 수 있다(그리고 심지어 일부 경우에는 세포의 유전자와 다른 구성 요소에도 적용할 수 있다). 이런 보편성은 지구 생명의 진화에서 협력이 출발부터 추동력으로 자리 잡고 있었음을 시사한다. 더욱이 협력의 효과가 특별히 컸음을 증명했던 하나의 집단, 즉 인간이 존재한다. 수백만 년에 걸친 진화는 느리고 방어력이 취약했던 유인원을 지구상에서 가장 영향력 있는 생명체로 바꿔놓았다. 이 종은 대양 깊숙이 뛰어들 수 있고, 외계 우주를 탐험할 수 있고, 우리 성과물을 즉시 세계로 방송할 수 있는 눈부신 기술들을 발명할 수 있는 능력을 갖췄다. 우리가 이런 기념비적 업적을 이룰 수 있었던 것은 함께 일해왔기 때문이다. 실제로 인간들은 가장 잘 협력하는 종이다. 말하자면 초(超)협력자인 셈이다.

다섯 개의 협력 기제가 자연 전체에서 발생한다는 것을 전제한다면, 질문은 이렇다. 무엇이 인간을 자연 전체 중에서 가장 협력하는 존재로 만들었는가? 내 관점에 따르면, 인간은 간접적 상호 호혜, 또는 평판에 기초한 지원 제공에 다른 어떤 생명체보다 애쓴다. 왜 그럴까? 오직 인간만이 완벽한 언어(더 나아가 서로 부를 수 있는 이름)를 구사할 수 있기 때문이다. 우리는 이런 언어 덕분에 가까운 가족 구성원부터 지구 반대편에 있는 전혀 낯선 이방인에 이르기까지 모든 사람들에 대한 정보를 교환할 수 있다. 우리는 누가 누군가에게 무엇이고 왜 그런지에 집착한다. 우리는 우리를 둘러싼 사회 연결망에서 자신을 최고의 위치에 올려놓아야만 한다. 연구에 따르면, 사람들은 후원자에게 어떤 호의를 베풀지부터 어떤 스타트업 기업에 투자할지에 이르기까지 모든 것을 부분적으로 평판에 기초하여 결정한다. 내 하버드 동료 레베카 헨더슨은 사업계의 비교 전략 전문가로서, 1980년대에 도요타가 다른 자동차 제조 기업보다 경쟁력에서 앞설 수 있었던 것은 부분적으로 부품 공급자들을 평등하게 다룬다는 그들에 대한 평판 덕분이었다고 지적한다.

언어와 간접적 상호 호혜 사이의 상호작용은 급속한 문화 혁명을 이끌었다. 그런 문화 혁명은 종으로서 우리 적응성의 핵심을 이룬다. 인구 집단이 확대되고 기후가 변함에 따라서, 우리는 그런 적응성을 이용하고 지구와 그 거주민들을 구하기 위해 함께 일하는 방식을 구체화해낼 필요가 있을 것이다. 현재까지 우리가 환경에서 해낸 일을 고려해볼 때, 그런 목적을 달성할 수 있는 승산은 커 보이지 않는다. 역시 여기에서도 게임이론이 통찰력을 제공한다. 둘 이상의 게임 참가자가 참여하는 경우의 협력 딜레마는 공공 재화 게임으로 불린다. 이런 환경에서 집단의 모든 구성원이 내 협력으로 이득을 얻되다른 모든 것이 동일하다면, 협력에서 배신으로 말을 갈아타는 것이 나에게는더 큰 이익이다. 따라서 다른 사람은 협력하기를 바라면서, 내 "똑똑한" 선택은 배신이 될 것이다. 문제는 집단의 구성원 모두가 나와 똑같이 생각할 터이고, 그렇게 되면 협력으로 시작했으나 배신으로 끝맺고 말 것이다.

작고한 생태학자 개릿 하딘이 1968년에 제시한 '공유지의 비극'으로 알려진 고전적 공유재 시나리오에서, 초지를 공유한 목축업자 집단은 공동체 소유의 초지에 자신의 가축들을 풀어놓아 지나친 방목을 방치한다. 그들은 자신의것을 포함하여 모두의 자원이 결국에는 파괴되고 말 것을 알면서도 그렇게한다. 자연 자원(원유에서 깨끗한 식수에 이르기까지)에 대한 현실 세계의 우려와분명 유사해 보인다. 만약 협력자들이 공유 재산의 관리인이 되었을 때 배신하는 경향이 있다면, 어떻게 우리는 미래 세대를 위한 우리 행성의 생태적 자산을 보존할 수 있다고 희망을 품을 수 있단 말인가?

하나를 위한 모두

다행히도 모든 희망이 사라진 것은 아니다. 독일 플론에 있는 막스플랑크 진화생물학 연구소의 맨프레드 밀린스키과 그 동료들은 일련의 컴퓨터 기반 실험을 통해 공공재 게임에서 사람들로 하여금 공유지의 훌륭한 관리인이 될수 있도록 동기 부여해줄 수 있는 여러 요소들을 찾아냈다. 연구자들은 실험

대상자들에게 40유로씩을 주고 컴퓨터 게임을 하도록 했다. 그 게임의 목적은 지구 기후를 통제하기 위해 돈을 쓰는 것이다. 참가자들은 게임의 각 라운드마다 공동 풀에 자신의 돈 일부를 기부해야만 한다. 만약 10라운드가 끝났을 때 공동 풀에 120유로 이상이 모여 있다면, 기후는 안전해지고 게임 참가자들은 남은 돈을 가지고 집에 돌아갈 수 있다. 만약 120유로 미만이 모금되어 있다면, 기후는 파괴되고 그들은 모든 돈을 잃고 말 것이다.

게임 참가자들이 정해진 목표에 조금 못 미치는 액수를 기록함으로써 종종 기후를 구하는 데 실패하기도 했지만, 탐구자들은 라운드가 거듭될수록 그들의 행동에서 차이를 관찰할 수 있었다. 그런 차이는 관대함을 고무하는 무언가를 시사했다. 연구자들은 게임 참가자들이 기후 연구에 대한 권위 있는 정보를 접했을 때 더욱 이타적이라는 점을 발견했다. 이것은 사람들이 더 큰 이익을 위해 희생을 감수해야 할 문제가 실재한다는 사실을 확신하는 일이 왜 중요한지를 말해준다. 또한 그들은 익명보다는 공개적으로 기여할 수 있는 환경이 조성되었을 때, 즉 그들의 평판이 걸릴 때 더 관대하게 행동했다. 영국의 뉴캐슬 대학교에 있는 연구자들이 수행했던 또 다른 연구는 사람들이 주목의 대상이 되고 있다고 느낄 때 더 관대해진다는 사실을 발견함으로써 평판의 중요성을 다시 한 번 강조하고 있다.

이런 요인은 매달 내 집의 가스 청구서를 받을 때마다 게임과 같은 현실이 된다. 청구서는 내 가정의 소비량을 보스턴 외곽 지역에 사는 내 이웃의 평균 가스 소비량은 물론 가장 효율적인 가정의 소비량과 비교해준다. 우리 소비량이 이웃보다 얼마나 높은가를 보는 일은 내 가족에게 가스를 덜 쓰도록 하는 동기 부여로 작용한다. 즉 매년 겨울 우리는 집의 온도를 1도라도 낮추기 위해 노력한다.

　진화 시뮬레이션은 협력이 본질적으로 불안정하다는 사실을 말해준다. 협력 번성의 기간은 필연적으로 배반의 운명에 자리를 내주고 만다. 이타적 영혼이 항상 스스로 설 땅을 지키는 것처럼 보이지만, 우리의 도덕적 나침반은 다소 조정되기 마련이다. 협력과 배반의 순환은 인간 역사의 상승기와 하강기 속에서 정치 및 금융 체제의 요동으로 가시화된다. 우리 인간이 현재 이 순환기 중에서 어디에 있는지 불확실하지만, 우리가 세계의 가장 긴급한 문제들을 풀기 위해 힘을 합친다면 보다 나은 작업을 수행할 수 있다는 것은 분명하다. 게임이론은 하나의 길을 제시한다. 정책 입안자들은 배반자를 줄이기 위해서는 간접적 상호 호혜와 정보와 평판의 중요성에 주목해야만 한다. 그리고 우리를 모든 공공재 게임의 지킴이로서 보다 나은 협력자로 만들기 위해서는 이런 역량 요소를 개발해야만 한다. 이는 급속하게 줄어드는 지구 행성의 자원을 보존하기 위한 70억 명 사람들의 임무이다.

5-2 우리는 어떻게 진화하고 있는가?

조너선 프리처드

수천 년 전 인류는 해발 1만 4,000피트(4.3킬로미터)에 달하는 광대한 스텝 지역인 티베트 고원으로 최초로 이주했다. 이 개척자들은 다른 사람과의 경쟁이 없는 새로운 생태계로 접어들어 이득을 누릴 수 있었지만, 높은 고도에 따른 낮은 산소 농도로 신체에 강한 압박을 받을 수밖에 없었고, 그 결과 만성 고산병과 높은 유아 사망률에 시달렸다. 2년 전, 다른 인구 집단에는 거의 없지만 티베트인에게는 폭넓게 존재하는 유전자 변형체를 파악해낸 유전 연구로 인해 작은 파란이 일었다. 티베트인들 내부에서 적혈구 생산을 조절하는 이 변형체는 그렇게 거친 환경에서 티베트인이 어떻게 적응해왔는지를 설명하는 데 도움을 준다. 전 세계의 신문 머리기사를 장식한 이 발견은 인간이 비교적 가까운 과거에 새로운 환경 속에서 급속한 생물학적 적응을 어떻게 수행했는지에 대한 획기적 사례를 제공해준다. 한 연구에 따르면 유익한 변형체는 지난 3,000년(진화적 관점에서는 단지 일순간에 불과하다)이 채 안 되는 시기에 퍼져서 높은 빈도수를 이룬 것으로 나타났다.

티베트의 결과는 우리 종이 6만 년 전경(10만~5만 년 전으로 추정된다)에 아프리카를 떠난 이후 상당히 다양한 종류의 생물학적 적응을 겪어왔다는 개념을 강화해주는 듯하다. 고지대로의 이주는 호모 사피엔스가 만났던 많은 환경적 도전 중 하나에 불과했다. 그들은 동아프리카의 뜨거운 초지대와 관목지대에서 차가운 툰드라, 푹푹 찌는 우림, 태양빛에 그을리는 사막으로, 사실상 지구 모든 영토의 생태계와 기후대로 이주했다. 분명한 것은 인간 적응의 많은 부분이 기술에 의지했다는 사실이다. 예를 들면 추위와 싸우기 위해서 우리는 옷을 만들었다. 그러나 선사시대의 기술은 그 자체만으로는 희박한 산의 공기, 전염병의 살벌함, 여타 환경 장애를 극복하기에 충분했다고 볼 수 없다. 이런 환경 속에서 인간은 기술적 해법을 통해서라기보다는 유전적 진화를 통해 적응했을 가능성이 높다. 따라서 인간 유전체 탐사가 새로운 돌연변이의 상당한 증거를 드러내줄 것이라는 기대는 합리적으로 보인다. 이때 새로운 돌연변이는 최근 들어 자연선택에 의해 서로 다른 인구 집단 전체로 퍼져나갔다. 돌연변이를 운반하는 사람은 건강한 아이들을 더 많이 가질 수 있고, 그런 아이들이 그렇지 않은 사람들보다 살아남아 다시 아이를 낳을 가능성이 크기 때문이다.

나는 동료들과 인간 유전체상에서 이런 심각한 환경적 도전의 흔적들을 찾아 나섰다. 우리는 선조들이 비교적 최근에 시작된 지구 여행 이후에 어떻게 진화해왔는지를 구체적으로 밝혀보고자 했다. 외부와 격리된 세계의 오지에 거주하는 집단들은 티베트인의 경우처럼 최근 자연선택의 작용으로 서로 다른 환경적 압력에 적응할 수밖에 없었으므로 과연 그들은 유전적으로 어느 정도나 다를까? 이런 유전적 차이들 중 다른 영향에서 기원한 것은 그 비율이 얼마나 될까? 우리가 이런 질문을 다룰 수 있었던 것은 유전 변이 연구를 가능하게 해준 기술의 발전 덕분이었다.

작업은 현재 진행 중이지만, 예비 결과물은 우리를 놀라게 했다. 유전체에 실제로 매우 강력하고 급속한 자연선택의 일부 사례들이 포함되어 있음이 사실로 밝혀졌다. 한편 유전체에서 볼 수 있는 자연선택의 대부분 흔적은 수십 년에서 수천 년 사이에 발생한 것으로 보인다. 많은 사례에서 공통적으로 나타나는 것처럼 보이는 일은 국지적 환경 압력에의 대응으로 출현한 유익한 돌연변이가 오래전에 인구 집단 전체로 퍼진 다음 그 인구 집단이 새로운 영토로 이주하면서 먼 곳까지 운반되었다는 점이다. 예를 들면 줄어든 태양빛에 대한 적응으로 밝은 피부색을 갖게 해주는 유전자 변이는 위도보다는 고대의 이주 통로를 따라 분포되어 있다. 이러한 고대의 피부색 선택 신호가 환경적 압력을 받지 않고 수천 년 동안 유지되었다는 것은 자연선택이 종종 과학자들 생각보다 훨씬 느린 속도로 작동한다는 것을 말해준다. 티베트인에게 발생했던 주요 유전자의 급속한 진화는 사실 전형적인 것은 아니다.

나는 진화생물학자로서 종종 인간이 오늘날에도 계속해서 진화하고 있는지에 대해 질문을 받곤 한다. 우리가 진화하는 것은 확실하다. 그러나 어떻게 변하고 있는가라는 질문에 대한 대답은 훨씬 더 복잡하다. 자료가 시사하는 바에 따르면, 고전적인 자연선택 시나리오(유익한 단일 돌연변이가 들불처럼 인구 집단 전체로 퍼져나갔다는 관점)는 지난 6만 년 동안 인간에게 상대적으로 드물게 나타났던 현상에 불과하다. 이런 식의 진화 메커니즘이 제대로 작동하기 위해서는 수만 년 동안 일정하게 지속된 환경적 압력이 있어야 하기 때문이다. 일단 우리 조상이 지구 전체를 향한 행진을 시작하여 기술 혁신의 속도가 가속화되기 시작한 이후, 이런 환경적 상황은 흔치 않았다.

　이런 발견들은 최근의 인간 진화에 대해서 뿐만 아니라 우리 모두가 지향하는 미래에 대해 정교하게 이해하는 데 이미 도움을 준 바 있다. 통상적으로 우리 종이 직면했던 수많은 도전들(예를 들면 전 지구적 기후 변화와 많은 전염병)의 경우, 자연선택은 우리를 돕기에는 걸음이 너무도 느리다고 할 수 있다. 문화와 기술에 대한 우리 의존도는 점점 높아져만 가고 있다.

발자국 찾기

10년 전만 해도 과학자들이 환경에 대한 우리 종의 유전적 반응을 추적하기란 지극히 어려운 일이었는데, 단지 필요한 도구가 없었기 때문이다. 상황은 인간 유전체 염기서열 분석과 연속적인 유전 변이의 범주화를 완수함과 동시에 바뀌었다. 우리가 했던 일을 정확히 이해하기 위해서, DNA가 어떻게 구조화되고 얼마나 작은 변화가 그 기능에 큰 영향을 줄 수 있는지에 대해 조금 알 필요가 있다. 인간 유전체 염기서열은 약 30억 쌍의 DNA 염기 또는 "문자"로 이루어져 있다. 그런 염기는 인간 조립법에 대한 사용 설명서로 기능한다. 그 설명서에는 현재 2만여 개의 유전자(단백질을 만드는 데 필요한 정보를 담고 있는 DNA 염기 가닥의 일정한 구간) 목록이 실려 있는 것으로 알려져 있다(효소를 포함하는 단백질들은 세포에 필요한 대부분의 일을 맡고 있다). 인간 유전체 중에서 단백질의 유전암호가 새겨진 것은 약 2퍼센트에 불과하고, 이보다 많은 부분이 유전자 규제와 관련되어 있다. 유전체의 나머지 대부분 구간은 그 역할이 알려져 있지 않다.

전체적으로 임의의 두 사람의 유전체는 극단적으로 유사한데, 1,000개의 염기쌍마다 1개 정도가 다를 뿐이다. 하나의 염기쌍이 다른 것으로 바뀐 자리를 단일염기다형성 또는 SNPs("스닙스"라 부른다)라 하는데, 각 SNP에 있는 DNA의 대체 버전을 대립유전자형질이라 부른다. 유전체의 대부분이 단백질을 만들거나 유전자를 통제하는 일과는 관련이 없으므로 대부분의 SNPs는 개인에게 별다른 영향을 미치지 않는 것 같다. 그러나 만약 SNP가 단백질의 유전암호를 지니거나 유전자를 규제하는 구간에 존재한다면, 그로 인해 단백질의 구조나 기능 또는 어디에서 얼마나 많은 단백질을 만들지에 영향을 미칠 것이다. 이런 방식으로 SNPs는 그것이 키이든, 눈 색깔이든, 우유를 소화할 수 있는 능력이든, 당뇨병 같은 질병에 대한 취약성이든, 정신분열증이든, 말라리아와 HIV이든, 거의 모든 형질을 변형할 수 있다.

자연선택이 특정한 대립유전자를 강력하게 선호할 때, 그 대립유전자는 세대를 거치면서 해당 인구 집단에서 보다 더 공통적으로 자리를 잡게 되는 반면, 선호되지 않는 대립유전자는 공통적 지위에서 밀려나게 된다. 궁극적으로 만약 환경이 안정적 상태를 유지한다면, 혜택을 주는 대립유전자는 해당 집단의 모든 구성원이 그 유전자를 보유할 때까지 퍼져나갈 것이다. 그리고 그 지점에서 해당 집단에 정착한다. 이 과정은 대체로 많은 세대를 필요로 한다. 만약 유익한 대립유전자 2개를 지닌 한 사람은 그렇지 못한 사람보다 평균적으로 10퍼센트 더 많은 아이를 낳고 대립유전자 1개를 지닌 다른 사람은 5퍼센트를 더 낳는다고 하면, 인구 1퍼센트의 빈도수를 99퍼센트로 늘리기 위해서는 약 200세대 또는 대략 5,000년이 걸릴 것이다. 이론적으로 볼때, 이로운 대립유전자가 예외적으로 커다란 혜택을 준다면 몇백 년 만에 정착할 수도 있다. 반대로 덜 이로운 대립유전자는 퍼져나가는 데 수천 년이 걸릴 수도 있다.

우리가 고대 유해에서 DNA 시료를 얻어서 실제로 일어났던 선호된 대립유전자의 변화를 추적할 수만 있다면 최근의 인간 진화를 이해하는 데 큰 도움이 될 것이다. 그러나 고대 시료에서 DNA는 빠르게 훼손되므로 이런 접근에는 한계가 있을 수밖에 없다. 따라서 내 연구진을 비롯해 전 세계에 걸친 다른 연구진은 과거에 일어났던 자연선택의 신호를 찾기 위해 현대의 인간들 속에 있는 유전 변이를 조사할 수 있는 방법을 개발해왔다.

그런 전술 중 하나는 한 인구 집단 내부의 SNP 대립유전자에서 거의 차이가 나타나지 않는 구간을 찾기 위해, 다른 많은 사람들로부터 얻은 DNA 자료를 빗질하듯 샅샅이 훑는 것이다. 새로운 유익한 돌연변이가 자연선택으로 인해 빠르게 집단 전체로 퍼져나갈 때, 그 유전자는 유전자 히치하이킹이라 불리는 과정을 통해 주변의 염색체 덩어리를 함께 취한다. 시간이 지남에 따라 그 집단에서 유익한 대립유전자의 빈도수는 증가하는데, 그에 따라 인근의 "중립적" 그리고 거의 중립적인 대립유전자의 빈도수도 함께 늘어난다. 이때 중립적인 대립유전자는 단백질의 구조나 양에는 영향을 미치지 않지만 선택된 대립유전자와 나란히 퍼져나간다. 유익한 대립유전자가 포함된 유전체의 일정한 구간에서 결과적으로 SNP 변이가 감소 또는 제거되는 것을 '선택적 일소'라 한다. 자연선택에 의해 선택된 대립유전자의 확산은 SNP 자료에 독특하게 구분되는 다른 패턴을 남겨놓을 수 있다. 즉 한 인구 집단이 새로운 환경에 처했을 때 기존의 대립유전자가 갑자기 큰 도움을 주었다면, 그 대립유전자는 필연적으로 히치하이킹 신호를 생성하지 않고도 높은 빈도수에 도달할 수 있었을 것이다(반면에 다른 인구 집단에서는 드물게 남아 있을 것이다.).

지난 수년에 걸쳐 이루어진 많은 연구들(내 동료와 내가 2006년에 발표한 것을 포함하여)은 지난 6만 년 동안, 즉 호모 사피엔스가 아프리카를 떠난 이후 발생했던 수백 개에 달하는 자연선택의 명백한 유전체 신호들을 파악해냈다. 과학자들은 그런 사례들 중 일부에서 선택압 및 선호된 대립유전자의 적응적 혜택을 잘 포착할 수 있는 기회를 잡을 수 있었다. 예를 들면 유럽과 중동 지역, 동아프리카에 있는 낙농업 집단 가운데, 젖당(우유에 있는 당분)을 분해해주는 락타아제 효소를 생산하는 유전자를 보유한 유전체의 구간들은 강력한 선택의 표적으로 존재해왔음을 보여주는 선명한 신호를 나타낸다. 대부분 인구 집단에서 아이들은 젖당을 소화하는 능력을 갖고 태어나지만, 젖을 뗀 후에는 락타아제 유전자가 꺼져버려서 성인이 되면 더는 젖당을 소화할 수 없는 상태가 된다. 2004년에《아메리칸 저널 오브 휴먼 제네틱스(American Journal of Human Genetics)》에 실렸듯, MIT 연구팀은 성인이 될 때까지 활성화된 상태로 남아 있는 락타아제 유전자의 변종들이 유럽의 낙농업 집단 사이에서 높은 빈도수를 차지하게 된 것은 1만~5,000년 전 일어난 일에 불과했다고 추산한다. 2006년 현재 펜실베이니아 대학교에서 근무하는 사라 티시코프가 이끄는 연구팀은 《네이처 제네틱스(Nature Genetics)》에 자신들이 동아프리카 낙농업 집단 속에서 락타아제 유전자의 급속한 진화를 발견해냈다고 보고한 바 있다. 이런 변화는 확실히 새로운 생존 방식에 대한 적응적 반응이었다.

또한 연구자들은 비(非)아프리카인에게서 피부, 머리카락, 눈 색깔 등을 결정하는 데 관여하는 최소한 6개의 유전자에서 뚜렷한 선택의 징표를 발견했다. 여기에도 선택압과 적응 혜택이 선명하게 드러난다. 인류가 열대의 고향에서 외부로 이주함에 따라, 태양에게서 받을 수 있는 자외선의 양은 줄어들었다. 그로 인해 우리 몸의 필수 영양소인 비타민D를 생산하는 데 차질이 발생했다. 열대지방에서는 자외선이 비타민D를 합성하기 위해 검은색 피부도 관통할 정도로 충분히 강력하다. 그러나 고위도에서는 상황이 달라진다. 고위도 지역에서 적절한 양의 비타민D를 생성하는 데 필요한 자외선을 피부를 통해 받아들이기 위해서는 더 밝은색 피부로 진화할 수밖에 없었을 텐데, 강한 선택의 신호를 운반하는 이런 유전자들에서의 변화는 그런 적응적 전환을 가능하게 했을 것이다.

선택 신호는 전염병에 대한 저항력을 제공하는 다양한 유전자들에서도 모습을 드러낸다. 예를 들면 하버드 대학교의 파르디스 사베티와 그 동료들은 나이지리아의 요루바족에게서 최근에 높은 빈도수로 퍼져나가는 소위 LARGE 유전자의 돌연변이를 발견해냈는데, 이것은 아마도 그 지역에서 최근에 문제가 되고 있는 라사열(Lassa fever)의 출현에 따른 대응으로 보인다.

뒤섞인 신호들

앞선 사례들과 또 다른 소수의 경우들은 자연선택이 유익한 대립유전자를 촉진하는 방향으로 작용하고 있다는 강력한 증거를 제공한다. 그렇지만 수백 개에 달하는 후보 신호들의 나머지 대부분에 대해서, 우리는 아직 어떤 환경적 요인이 선택된 대립유전자의 확산에 우호적인지 알지 못할 뿐만 아니라 대립유전자가 그것을 품고 있는 사람에게 어떤 효과를 발휘하는지에 대해서도 잘 모른다. 최근까지 우리와 다른 과학자들은 이런 후보 신호들의 연구 대상이었던 여러 인간 집단에게서 지난 1만 5,000년 동안 최소한 수백 개의 매우 급속한 선택적 일소가 발생했음을 의미하는 것으로 해석해왔다. 그러나 나와 동료들의 최근 연구는 이런 신호들 대부분이 실제로 국지적 환경에 대한 매우 최근의 급속한 적응의 결과가 전혀 아님을 암시해주는 증거를 찾아냈다.

스탠퍼드 대학교의 협력자들과 공동 작업으로, 우리는 전 세계에 걸쳐 1,000여 명의 개인으로부터 얻은 DNA 표본에서 생산된 대량 SNP 자료를 연구했다. 우리는 선택된 대립유전자의 지리적 분포에 대한 조사를 통해, 명확하게 나타나는 대부분의 신호들은 크게 세 개의 지리적 패턴 중 하나에 해당하는 경향이 있음을 알아냈다. 첫째 소위 아프리카 탈출(out-of-Africa) 일소가 있다. 이 속에서 선호된 대립유전자와 그 히치하이커들은 모든 비아프리카 인구 집단에서 높은 빈도수로 존재한다. 이런 패턴은 인류가 아프리카를 떠났지만 여전히 중동 지역에 제한적으로 머물러 있을 때인 6만여 년 전에 매우 짧은 시간 동안 적응적 대립유전자가 출현해서 퍼지기 시작했으며, 그 후에 인류가 북과 동으로 이주함에 따라 지구 전체로 옮겨 갔음을 시사한다. 따라서 더욱 제한적인 두 개의 다른 지리적 패턴이 존재한다. 하나는 서유럽 일소로서, 선호된 대립유전자는 유럽 · 중동 지역 · 중앙아시아 및 남아시아에 있는 모든 인구 집단에서 높은 빈도수를 보이지만 다른 곳에서는 그렇지 않다. 두 번째는 동아시아 일소로서, 선호된 대립유전자는 동아시아인은 물론 통상적으로 미국 원주민, 멜라네시아인과 파푸아뉴기니인에게서 거의 공통으로 나타난다. 이런 두 패턴은 아마도 인류가 서유럽인과 동아시아인으로 갈라져서 독자적인 길을 걷기 시작한 직후에 이루어진 일소를 대표할 것이다(이런 분리가 언제 일어났는지는 정확하게 알려져 있지 않지만, 대략 3만~2만 년 전일 것으로 예측된다).

이런 일소 패턴은 매우 흥미로운 면을 보인다. 즉 고대의 인구 이동이 지구 전체에 선호된 대립유전자의 분포에 커다란 영향을 미쳤고, 자연선택은 현대의 환경 압력에 맞추어 정교하게 조율된 분포들에서 거의 아무런 일도 못했다. 예를 들면 더 밝은 피부색에 대한 적응에서 가장 유명한 게임 참가자로는 소위 SLC24A5 유전자의 변종이 포함되어 있다. 줄어든 태양빛에 대한 적응이므로 인구 집단에서의 그 빈도수가 위도와 함께 증가하고, 그 분포는 북아시아와 북유럽 출신이 서로 비슷할 것이라고 예측할지 모르겠다. 그러나 예측과 달리, 우리는 서유럽 일소를 볼 수 있다. 즉 함께 여행하는 유전자 변종과 히치하이킹 DNA는 파키스탄에서부터 프랑스까지 공통적으로 존재하지만 본질적으로 동아시아에는 북부 고위도에조차 존재하지 않는다. 이런 분포는 유익한 변종이 그 지역 전체에 그 유전자를 운반했던 서유럽인의 고대 인구 집단(동아시아인의 조상에서 분기된 이후)에서 생겨났음을 말해준다. 따라서 자연선택은 일찍부터 유익한 SLC24A5 대립유전자가 높은 빈도수를 갖도록 계속해서 추동했지만, 오늘날 어떤 인구 집단은 그 대립유전자를 보유한 반면 어떤 인구 집단은 보유하지 못했는지를 결정짓는 데에는 고대 인구 집단의 역사가 도움을 주었다(동아시아인들의 밝은 피부는 다른 유전자들에 의한 것이다).

이것과 또 다른 자료를 대상으로 선택 신호들에 대해 보다 면밀히 검토한 결과는 또 다른 호기심을 자극하는 패턴을 선보인다. 인구 집단 사이에서 가장 극단적인 빈도수 차이를 동반하는 대부분의 대립유전자들(예를 들면 거의 모든 아시아인에게는 존재하지만 아프리카인에게는 그렇지 않은 것)은 만약 자연선택이 이런 새로운 대립유전자의 높은 빈도수를 빠르게 추동했다면 나타날 것으로 예상되는 강력한 히치하이킹 신호를 보여주지 않는다. 반대로 이런 대립유전자들은 우리 종이 아프리카를 벗어난 이후 대략 6만 년 동안 서서히 퍼져나갔던 것으로 보인다. 이런 관찰에 비춰봤을 때, 나와 공동 연구자들은 현재 교과서적 선택적 일소(이 속에서 자연선택은 유익한 새로운 돌연변이가 빠르게 정착하도록 추동한다)가 호모 사피엔스의 디아스포라가 시작된 이후에는 매우 드물게 발생했다고 믿는다. 우리는 자연선택이 통상 개별적 대립유전자에 대해서는 비교적 약하게 작용하며, 따라서 매우 느린 속도로 대립유전자를 장려한다고 어렴풋이 느낀다. 결과적으로 선택압을 경험하는 대부분의 대립유전자들은 그 압력이 수만 년 동안 지속될 때에만 그 빈도가 높아질 수 있을 것이다.

하나의 형질, 다수의 유전자들

우리의 결론은 역설적으로 보일 수도 있다. 만약 인구 집단 전체로 유익한 대립유전자가 퍼지는 데 걸린 기간이 5,000년이 아니라 5만 년이라면, 인류는 어떻게 새로운 환경에 재빠르게 적응해낼 수 있었단 말인가? 단일 유전자에서의 변화는 그래도 잘 이해될 수 있는 편이지만, 대부분의 적응은 단일 유전자의 변화가 아니라 유전체 전체를 가로질러 수만 개의 관련 유전자들에 조금씩 영향을 미치는 유전적 변이라는 방식으로 이루어진다. 이를 두고 다(多)유전자성이라 한다. 예를 들면 2010년에 출판된 논문에서 인간의 키에 영향을 미치는 유전자로 180개를 들었는데, 아직 관련 유전자를 모두 다 찾은 것 같지는 않다. 키와 관련된 유전자들 각각에 대하여, 하나의 대립유전자는 다른 대립유전자와 비교했을 때 약 1~5밀리미터 정도의 평균키 차이를 가져온다(사람의 키에 관여하는 유전자의 수가 많아지면 단일 유전자의 변화가 미치는 영향은 그만큼 작아질 수밖에 없을 것이다-옮긴이).

자연선택이 인간의 키를 표적으로 할 때면, 아프리카, 남아시아, 남아메리카 열대우림의 서식지(이곳에서는 작은 신체가 열악한 환경으로 인한 항상적 영양 부족 상태에 더욱 잘 적응한 결과일 수 있다)에 살고 있는 피그미족에게서 발생했던 것처럼, 대부분 서로 다른 수백 개 유전자들의 대립유전자 빈도수를 조정하는 방식으로 작동할 것이다. 만약 모든 키 유전자의 "작은" 버전이 10퍼센트만큼만 더 공통적으로 존재한다면, 그 인구 집단의 대부분 구성원들은 더 많은 수의 "작은" 대립유전자를 지니게 될 것이고, 그 결과 그 집단은 전체적으로 키가 작아질 것이다. 전반적으로 형질이 강한 선택 아래 놓여 있다고 해도, 각각의 개별 키 유전자에 미치는 선택의 강도는 꽤 약할 수 있다. 단일 유전자에 미치는 선택의 영향력이 약한 관계로 고전적 선택 신호를 염두에 두면 다유전자성 적응은 유전체 연구에서 모습이 드러나지 않을 수 있다. 따라서 인간 유전체들이 최근 들어 과학자들이 파악해낸 것보다 더한 적응적 변화를 수행해왔을 가능성은 충분하다.

여전히 진화 중?

인류가 여전히 진화 중에 있는가라는 질문에 대해서, 오늘날 인구 집단을 형성하는 주된 힘이 자연선택이라고 말하기는 어렵다. 그렇지만 영향을 받을 수 있는 형질들을 상상해보는 것은 쉽다. 말라리아와 HIV와 같은 전염병은 계속해서 개발도상국에서 잠재적 선택력으로 힘을 발휘하고 있다. 이런 재앙에서 다소간의 보호 수단을 제공해줄 수 있는 한 줌의 알려진 유전자 변이들은 아마도 강한 선택압 아래 놓여 있다고 할 수 있다. 그런 변이를 보유한 사람은 살아남아서 더 많은 아이를 낳고 기를 가능성이 더 크기 때문이다. 삼일열* 형태의 말라리아에서 운반자들을 방어하는 변이는 사하라 이남 아프리

*열원충이 적혈구 내에서 48시간 동안 분화되어 열이 오르는 말라리아.

카의 많은 인구 집단에서 널리 퍼져 있다. 한편 HIV로부터 보호해주는 변이들은 만약 그 바이러스가 존속하고 그 저항 유전자에 의해 계속 저지된다면 수백 년 안에 사하라 이남 아프리카 전체로 퍼져나갈 수 있다. 그러나 에이즈가 인류보다 더 빠르게 진화하고 있는 조건에서, 우리는 그 문제를 자연선택보다는 기술(예를 들면 백신의 형태)로 극복하려 할 가능성이 더 크다.

선진국에서는 태어나고 성인으로 성장하는 과정에서 상대적으로 적은 사람만이 죽으므로, 가장 강한 선택압은 각자가 낳을 수 있는 아이의 수에 영향을 미치는 유전자에 작용하는 힘일 것이다. 원리적으로 유전적 변이가 영향을 미치는 다산성이나 생식 행위의 모든 측면은 자연선택의 표적이 될 수 있다. 2009년에 《미국학술원 회보》에 실린 글에서, 예일 대학교의 스티븐 스턴스와 그 동료들은 아이들의 늘어난 수명과 관련이 있는 여성에게 존재하는 서로 다른 6개의 형질들을 파악해냈고, 그 모두가 높은 유전 가능성에 중간값을 보인다는 연구 결과를 내놓았다. 그 팀의 발견에 따르면, 더 많은 아이를 낳은 여성들은 평균보다 다소 키가 작고 건장한 체격을 지니는 경향성을 띠고 있으며, 폐경이 늦게 찾아왔다. 따라서 만약 환경이 일정하게 유지된다면, 이런 형질들은 아마도 자연선택을 통해 시간이 흐른 뒤에 더 크게 공유될 것이다. 그 저자들은 폐경의 평균 나이가 10세대(또는 200년)가 지난 후에는 약 1년이 증가할 것이라고 추산한다(더 추정해보면 성적 행위에 영향을 미치는 유전적 변이 또는 피임의 이용도 강한 선택의 대상이 될 수 있을 것이다. 비록 이와 같은 복잡한 행위에 유전자가 얼마나 강력한 영향을 미치는가는 아직 불명확하지만 말이다).

　대부분 형질들의 변화 속도는 우리가 문화와 기술을 발전시키거나, 지구 환경을 변화시키고 있는 것과 비교하면 빙하의 이동처럼 느리다. 그리고 주요한 적응적 변화를 위해서는 수천 년 이상에 걸친 안정적인 환경이 요구된다. 향후 5,000년 동안 인간의 주변 환경이 크게 달라질 것이라는 점은 의심의 여지가 없다. 그러나 대규모의 유전체 공학이 없다면, 사람들은 거의 똑같은 상태로 남아 있을 것이다.

선택 신호

만약 어떤 DNA 구간에서 변이가 없다는 것을 관찰한다면, 과학자들은 그 구간에 자연선택이 작용했을 것으로 추론할 것이다. 임의로 두 사람을 선택했을 때 둘의 유전체 차이는 1,000쌍의 DNA 염기("문자") 중에서 1개 정도에 불과하다. 이런 차이가 나는 지점을 단일염기다형성(SNPs)이라 하는데, 각 SNP에 있는 DNA의 대체 버전을 대립유전자라고 한다. 특정한 대립유전자가 생식의 성공을 높여준다면, 그것은 결국 전체 인구를 통해 확산 또는 "선택된다." 동시에 근처의 대립유전자들은 선호된 것에 동반하여 여행하고, 따라서 마찬가지로 인구 집단에서 보다 더 공통적인 것이 된다. 그 결과 한 인구 집단 유전체의 해당 구간에서 SNP 변이가 감소하는데, 이를 선택적 일소라 한다.

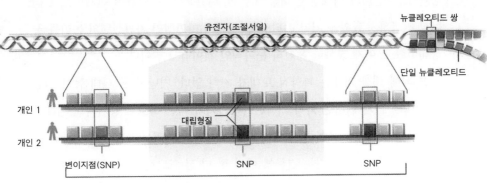

하나의 SNP에 대하여 자연선택이 일어날 경우,
인근 대립형질이 그것을 막아 다음 세대로
유전되지 않도록 한다.

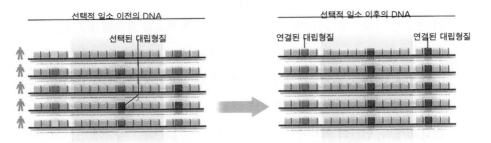

우리는 어떻게 될까?

피터 워드

미래의 모습에 대한 의견을 요청받을 때, 우리는 대체로 둘 중 하나로 대답한 다. 한 부류는 높은 이마와 큰 뇌를 가진 더 높은 지성의 인간이라는 낡은 공 상과학소설(SF)의 미래상을 내놓는 반면, 다른 부류는 인간이 신체적으로 더 이상 진화하지 않았을 거라고 말한다. 기술이 야만적인 자연선택의 논리를 끝 장내버렸고, 이제 진화란 온전히 문화적인 것이라고 말이다.

큰 뇌에 대한 기대는 과학적 토대가 전혀 없다. 지난 수천 세대 동안 인간 의 머리뼈 크기에 대한 화석 기록은, 뇌 크기가 빠른 속도로 증가하던 시대는 오래전에 끝났음을 보여준다. 그에 따라 대부분 과학자들은 인간의 신체적 진 화는 본질적으로 끝났다는 결론에 이미 몇 년 전 도달했다. 그러나 현재와 과 거 모두의 유전체를 탐사하는 DNA 기법은 진화를 연구하는 데 있어서 혁명 을 불러왔는데, 그 기법은 다른 이야기를 들려준다. 호모 사피엔스는 우리 종 이 형성된 이래로 몇 차례에 걸쳐 주요한 유전적 개조를 경험해왔고, 현재에 도 인간 진화의 속도는 조금씩 증가하는 추세이다. 다른 생명체와 마찬가지로 우리의 종도 처음 등장했을 때 체형에 있어 가장 획기적인 변화를 겪었지만, 인간의 생리학은 물론 인간의 행동에 대해서도 유전적으로 유도된 변화가 계 속되고 있다. 인간의 역사에서 매우 최근까지도, 세계 여러 지역에 있는 인간 종족은 서로의 구분이 약화되기보다 더 뚜렷해지고 있었다. 오늘날조차 현대적 삶이라는 생활 조건에 맞는 일정한 특징적 행동 양식이 발휘될 수 있도록 유전자들에 변화가 가해지고 있을 수 있다.

만약 거대한 뇌가 우리를 위한 준비물이 아니라면, 도대체 무엇이 그럴 수 있을까? 우리는 더 커질까 아니면 더 작아질까, 더 강해질까 아니면 더 약해질까, 더 똑똑해질까 아니면 더 멍청해질까? 새로운 질병의 출현과 지구 온도의 상승으로 우리는 어떻게 변할까? 미래에 새로운 인간종이 탄생할까? 아니면 실리콘과 강철로 우리 뇌와 몸을 강화한 결과, 인간성의 미래 진화는 우리의 유전자 내부가 아니라 우리 기술에 달려 있는 것은 아닐까? 우리는 지구상의 차세대 지배 지능, 즉 기계를 만드는 자에 불과한 것은 아닐까?

멀고 가까운 과거

인간 진화를 추적하는 일은 고대 과거에서 가져온 화석 뼈들을 연구하는 고생물학만의 영역으로 여겨지곤 했다. 사람과(科)는 사헬란트로푸스 차덴시스(Sahelanthropus tchadensis)라 불리는 작은 호미니드의 출현으로 시작되는데, 최소한 700만 년 전으로 거슬러 올라간다. 그 이후부터 사람과에 대해 논란이 지속되고는 있지만 다양한 다수의 새로운 종들이 포함되어왔다. 우리가 아는 것으로는 9개 종 정도이고, 악명이 높을 정도로 빈약한 호미니드 화석 기록을 염두에 둘 때 더 많은 종이 있었으리라는 것은 비교적 확실하다. 초기 인간 유해들은 분해되기 전에 퇴적암으로 만들어지는 경우가 드물기 때문에 이 추정치는 과거 뼈에 대한 새로운 발견과 새로운 해석이 추가됨에 따라서 해마다 변한다.

새로운 인간종의 출현은 거대한 인구 집단에서 여러 세대를 거치면서 작은 집단의 호미니드가 분리되어 나온 다음에, 이전과는 다른 적응 방식을 선호하는 새로운 환경에 처하게 되었을 때 일어난다. 동족에게서 떨어져나간 작은 인구 집단은 자신의 고유한 유전 경로를 향해 나아갔고, 결국 그 집단의 구성원들은 더 이상 모 인구 집단과의 생식이 불가능해졌다.

화석 기록은 인간종의 가장 오래된 구성원들이 오늘날 에티오피아인 곳에서 19만 5,000년 전에 살았음을 말해준다. 그곳에서부터 호모 사피엔스는 지구 전체로 퍼져나갔다. 1만 년 전쯤 현생인류는 남극을 제외한 각 대륙을 성공적으로 개척해냈고 그 과정에서 여러 진화하는 힘과 함께 각 지역에 대한 적응의 필요성이 커졌는데, 그 결과 우리가 느슨하게 인종이라 부르는 집단이 형성되었다. 서로 다른 장소에 사는 집단은 서로 간의 교류를 유지함으로써 분리된 종으로의 진화를 피할 수 있었다. 지구가 이제 거의 다 사람으로 채워짐에 따라서, 진화를 위한 시간도 이제 거의 끝나가고 있다는 생각이 가능해 보인다.

하지만 그것은 사실이 아닌 것으로 드러났다. 2007년에 출판된 연구에서, 유타 대학교의 헨리 하펜딩과 위스콘신 대학교 매디슨 캠퍼스의 존 호크스, 그리고 그 동료들은 인간 유전체의 국제적 일배체형 지도 자료를 분석했다. 그들은 네 가지 집단(중국의 한족, 일본인, 요루바족, 북유럽인) 출신의 270명에게 있는 유전자 마커에 초점을 맞췄다. 그들은 인간 유전자의 최소 7퍼센트가 최근 5,000년 전에도 진화 중이었음을 발견했다. 많은 변화가 자연적이거나 인공적인 모든 특수한 환경에 대한 적응과 관련이 있다. 예를 들면 중국과 아프리카 사람 중 신선한 우유를 소화할 수 있는 성인은 거의 없지만, 스웨덴과 덴마크의 거의 모든 성인은 우유를 소화할 수 있다. 이 능력은 낙농업에 대한 적응에 따른 것으로 예측된다.

하버드 대학교의 파르디스 사베티와 그 동료들이 수행한 또 다른 연구는 인간 유전체를 대상으로 자연선택의 신호를 찾기 위해 유전자 변이를 담고 있는 막대한 자료를 이용했다. 그 결과 유전체상의 300개 구간 이상에서 사람들의 생존과 생식에 유리하게 작용했던 변화들이 최근에 있었음을 알 수 있었다. 사례로는 아프리카의 가장 큰 시련 중 하나인 라사열을 불러일으키는 바이러스에 대한 저항, 일부 아프리카 인구 집단에서 부분적으로 일어나는 말라리아와 같은 다른 질병들에 대한 저항, 아시아인에서 나타나는 피부색소의 변화 및 모낭의 발생, 그리고 북유럽인에게 나타나는 더 밝은 피부와 푸른 눈의 진화 등을 들 수 있다.

하펜딩과 호크스의 팀은 인류가 현생 침팬지들의 조상으로부터 최초로 분화되어 나온 이후의 모든 시간보다 지난 1만 년 동안의 진화 속도가 100배는 더 빨랐다고 추산했다. 그 팀은 빨라진 속도가 인류의 이주에 따른 환경의 다양화, 그리고 농업화 및 도시화에 따른 생활 조건의 변화 때문이라고 보았다. 야생의 서식지를 경작지로 바꿈으로써 우리가 마주한 것은 농업 그 자체 및 조경의 변화만이 아니라 빈약한 위생과 새로운 식생, 신종 전염병(가축은 물론 다른 인간에게서 발생한) 등의 치명적 조합이기도 했다. 일부 연구자들은 이런 추산에 대해 입장을 보류하고 있지만, 기본 관점은 분명해 보인다. 인류는 최고 수준의 진화 추진자(evolver)이다.

비자연적 선택

지난 세기 동안, 우리 종의 환경은 또다시 변했다. 이동이 편리해지고 한때 인종을 분리했던 사회적 장벽이 해소됨으로써 서로 다른 집단의 지역적 고립은 사라졌다. 서로 완전히 분리된 지역적 인구 집단에 묶여 있던 인간의 유전자 풀이 지금처럼 폭넓게 뒤섞인 전례는 결코 없었다. 실제로 인류의 이동성은 우리 종의 균일화를 불러왔을 수 있다. 동시에 우리 종에 가해지는 자연선택의 힘은 우리의 기술과 의학에 의해 약화되고 있다. 지구 대부분 지역에서 많은 아이들이 더 이상 죽지 않고 있다. 한때는 치명적이었던 유전적 결함을 가진 사람들도 이제는 생존하여 아이를 가질 수 있다. 자연의 포식자들은 더 이상 생존의 법칙에 영향을 미치지 못한다.

유니버시티칼리지런던(UCL)의 스티브 존스는 인간의 진화가 본질적으로 멈췄다고 주장해왔다. 2002년 "진화는 끝났는가?"라는 주제로 에든버러 왕립학회에서 열린 토론회에서, 그는 이렇게 말했다. "우리 종의 개선 또는 악화와 관련된 일은 중단되었습니다. 유토피아가 어떤지를 알고 싶다면, 주변을 둘러보시면 됩니다. 여기가 바로 유토피아입니다." 존스는 최소한 선진국에서는 거의 모두가 가임 연령에 도달할 수 있으며, 가난한 자와 부자 모두에게 아이를 가질 수 있는 동등한 기회가 보장된다고 주장했다. 질병에 대한 유전적 내성, 가령 HIV에 대한 내성은 여전히 생존에 대한 이점을 제공하지만, 유전보다는 문화가 이제는 사람들이 사느냐 죽느냐를 가르는 결정적 요소이다.

정리하면 진화는 이제 유전의 차원이 아니라 밈(meme)의* 차원(관념을 포함하여)에 속한다.

* 영국의 저명한 진화생물학자 리처드 도킨스가 1976년에 펴낸 〈이기적인 유전자〉라는 책에서 등장한 말로, 유전적 방법이 아닌 모방을 통해 습득되는 문화 요소라는 뜻이다.

또 다른 관점은 오늘날에도 유전적 진화가 계속해서 일어나지만, 퇴보한다고 본다. 현대 생활에서 일정한 특성들은 우리 생존에 더 적합하지 않은 진화적 변화를 추동할 수 있다. 또는 그런 특성들이 우리를 생존에 덜 적합하게 만들 수도 있다. 수많은 대학생들은 그런 "부적응" 진화가 발생할 가능성이 있는 방법을 발견했다. 즉 그들은 학위를 포기한 많은 고등학교 친구들이 곧바로 아이를 갖는 동안 생식을 포기했다. 만약 덜 똑똑한 부모들이 더 많은 아이를 갖는다면, 지능은 오늘날 세계에서 다윈의 시각으로 보자면 불리함으로 작용하고, 평균 지능은 떨어지는 방향으로 진화할 것이다.

이런 주장은 오랫동안 논쟁에 휩싸여왔다. 많은 반대 주장들이 존재하는데, 그중 하나는 인간의 지능이란 수많은 유전자가 작용한 결과(단일한 유전자가 아니라-옮긴이) 서로 다른 많은 능력들로 구성된다는 것이다. 따라서 지능의 유전성(한 세대가 다음 세대로 그 형질을 전달해주는 비율)은 그 강도가 낮다. 자연선택은 오직 유전 가능한 형질에만 작용한다. 연구자들은 지능이 얼마나 유전 가능한가를 두고 활발한 논쟁을 벌여왔지만, 평균 지능이 실제로 줄어들고 있다는 어떤 징후도 발견할 수 없었다.

일부 과학자들은 설령 지능은 그렇지 않다고 해도 그보다 유전성이 강한 형질들은 인간종에 축적될 수가 있는데, 이런 형질들은 우리에게 결코 좋은 것이 아니라고 추정한다. 예를 들면, 투렛증후군(일명 틱장애)과 주의력결핍과 잉행동장애(ADHD)는 지능과 달리 유전자 몇 개의 작용에 의한 것이므로 그 유전 가능성이 매우 높다고 볼 수 있다. 만약 이런 장애들이 아이를 가질 수 있는 가능성을 증가시킨다면, 그 장애들은 세대를 거치면서 더욱 널리 퍼져나가게 될 것이다. 이 두 병의 전문가인 데이빗 커밍스는 과학 논문들과 1996년에 쓴 책에서 이런 현상이 과거보다 더 흔하게 되었는데, 유전이 하나의 원인일 수 있다고 주장한다. 즉 이런 증후군을 지닌 여성은 대학에 들어갈 가능성이 적기 때문에 대학에 들어가는 여성보다 더 많은 아이를 낳을 경향성을 지닌다. 그러나 다른 연구자들은 커밍스의 방법론에 심각한 우려를 표명한다. 투렛증후군과 ADHD의 발생이 실제로 증가하고 있는지조차 분명하지 않기 때문이다. 이런 영역의 연구는 유전자를 보유한 사람에게 가해지는 사회적 낙인 때문에 더 어려워지는 측면이 있다.

앞서 살펴본 특정 사례들은 과학적 검열을 통과하지 못했지만, 추론의 기본적 기조는 가능성이 충분한 편이다. 우리는 진화를 구조적 변경과 관련된 뭔가로 생각하는 경향이 있지만, 그것은 외부에서 볼 수 없는 것(행동)에 영향을 미칠 수 있다. 많은 사람은 알코올 중독, 약물 중독 등에 쉽게 빠지는 유전자를 보유하고 있다. 대부분은 굴복하지 않는데, 유전자는 운명이 아니기 때문이다. 유전자가 효과를 발휘하느냐 여부는 우리가 처한 환경에 달려 있다. 그러나 굴복하는 사람도 있는데, 그렇게 되면 그 문제는 그들의 생존 여부와 그들이 가질 수 있는 아이들 수에 영향을 미칠 수 있다. 생식을 둘러싼 이런 변화들은 자연선택이 작용하기에 충분한 조건이다. 인류의 미래 진화의 대부분은 변화하는 환경 조건에 대응하여 확산되는 새로운 일련의 행동을 수반하게 될 것이다. 물론 다윈의 이런 논리를 수동적으로 받아들일 필요가 없다는 점에서 인류는 다른 종과 다르다.

유도 진화

우리는 꽤 많은 동물과 식물 종의 진화를 유도해왔다. 우리 자신이라고 해서 예외일 수 있을까? 만약 우리 자신을 더 빠르고 유익한 방향으로 유도할 수 있다면, 굳이 자연선택이 발휘되도록 기다려야 하는 것일까? 인간 행동의 분야에서, 예를 들면 유전학자들은 문제와 장애를 유발하는 유전적 요소뿐만 아니라 전체적인 기질과 섹슈얼리티, 경쟁 등 다양한 측면의 유전적 요소(대체로 최소한 부분적으로 유전될 수 있는)에 대해서도 추적하고 있다. 시간이 지남에 따라 유전자 개선을 위한 정교한 선별 작업이 일반화될 수 있고, 사람들은 선별 결과에 기초하여 약품을 제공받게 될 수도 있다.

그다음 단계는 사람의 유전자를 실제로 개조하는 일이 될 것이다. 크게 두 가지 방식으로 이루어질 수 있다. 관련 기관에 있는 유전자만을 바꿈으로써(유전자 치료) 또는 개인의 유전체 전체를 변경함으로써(생식세포 치료로 알려

저 있는 것). 연구자들은 여전히 질병 치료 목적의 유전자 치료라는 제한된 목
표를 가지고 싸우고 있다. 그러나 만약 그들이 생식세포 치료를 해낼 수 있다
면, 그것은 해당 개인은 물론 그 아이들에게도 도움을 줄 것이다. 인간에게 적
용된 유전 공학에 있어서 최대의 장애물은 인간 유전체의 엄청난 복잡성이라
할 수 있다. 유전자들은 대체로 한 개 이상의 기능을 수행한다. 반대로 어떤
기능이 발휘되기 위해서는 하나 이상의 유전자들의 작용이 있어야만 한다. 다
면발현으로* 알려진 이런 속성으로 인해, 하나의
유전자를 다루는 일은 의도치 않은 결과를 낳을
수 있다.

* 하나의 유전자가 여러 가지
유전적 효과를 나타내어 두 개
이상의 형질을 발현하는 일.

   그래도 도전해야 할 이유가 있을까? 유전자를 변화시키고자 하는 강한 압
력은, 원하는 자식의 성별을 보장받고자 하거나 자식이 아름다움, 지능, 음악
적 재능, 상냥한 성격 등을 갖추길 원하는 부모들로부터 올 수 있다. 반대로
부모들은 자식이 비열한 정신, 우울증, 과민반응, 심지어 범죄 등의 쓸모없는
기질을 갖지 않기를 바랄 수도 있다. 동기는 충분하고도 매우 강력하다. 자식
들을 유전적으로 향상시키고자 하는 부모의 욕구를 사회적으로 막기 힘든 것
처럼, 인간 노화에 대한 공격도 마찬가지일 것이다. 최근의 많은 연구들은 노
화가 단순히 신체 기능의 저하라기보다는 프로그램된 것이므로, 많은 부분 유
전적으로 통제 가능할 수 있음을 시사한다. 만약 그렇다면 다음 세기의 유전
연구는 노화의 통제와 관련된 많은 유전자의 비밀을 밝혀내는 일이 될 것이
다. 그렇게 밝혀진 유전자들은 조작도 가능할 것이다.

우리의 유전자 개조가 실용적이라고 가정한다면, 그것은 인류의 미래 진화에 얼마나 큰 영향을 미칠까? 아마도 상당할 것이다. 부모가 자식의 지능, 외모, 수명 등을 향상시키기 위해 태아를 조작한다고 가정해보자. 만약 아이들이 오래 사는 만큼 똑똑하다면(IQ 150과 수명 150세) 그들은 더 많은 아이들을 가질 수 있고, 우리들 나머지보다 더 많은 재산을 모을 수 있을 것이다. 사회적으로 그들은 자신과 비슷한 종류의 사람들에게 끌리게 될 것이다. 스스로 선택한 일종의 지리적 또는 사회적 격리와 함께 유전자 부동(genetic drift)이* 발생하여 결국에는 새로운 종으로의 분리가 일어날 것이다. 마침내 미래의 어느 날, 우리는 인간의 힘으로 새로운 인간종을 세상에 내놓게 될 것이다. 그런 경로를 따를 것이냐 말 것이냐는 우리 후손들이 결정할 문제이다.

*유전자들의 이동, 흐름을 의미한다. 유전자가 다음 세대로 넘어갈 때 대립유전자의 발현 빈도수에 변화가 발생하는 현상을 말한다.

보그의 길

유전자 조작이 현실화된 일보다 훨씬 더 예측하기 힘든 미래는 기계를 조작하는 일이다. 또는 기계가 우리를 조작하는 일이다. 우리 종의 진화의 끝은 기계와의 공생, 즉 인간-기계 합성일까? 많은 작가들은 우리가 신체를 로봇과 연결하거나 마음을 컴퓨터에 업로드할 수 있을 것으로 예측해왔다. 실제로 우리는 이미 기계들에 의존하고 있다. 우리는 우리 요구를 충족하고자 기계를 제작하고 있지만, 이는 우리가 그들의 요구에 맞춰 스스로 삶과 행위를 변화시켜왔음을 뜻할 수도 있다. 기계들이 더욱 복잡해지고 상호연결성도 커짐에 따라, 우리는 그것들을 수용하기 위해 노력하도록 강요받을 수 있다. 조지 다이슨은 1998년의 책 《기계 속의 다윈(Darwin among the Machines)》에서 이런 관점을 놀라울 정도로 구체적으로 보여준다. "컴퓨터 네트워크를 보다 쉽게 작동하려고 시도하는 모든 일은 동시에, 그러나 다른 이유로, 컴퓨터 네트워크가 인간을 보다 쉽게 조작하도록 만드는 것이기도 하다. … 다윈의 진화(생명에게 흔히 볼 수 있는 역설들 중 하나)는 놀라운 성공의 희생양일지 모른다. 자신이 낳은 비(非)다윈적 과정을 더 이상 유지할 수 없는 날이 오고야 말 것이다."

우리의 기술적 위력은 진화가 작동하는 낡은 방식을 쓸어버릴 기세이다. 2004년 옥스퍼드 대학교의 진화철학자 닉 보스트롬이 쓴 에세이에서 가져온 두 개의 다른 미래상을 검토해보자. 먼저 낙관적 측면에서, "큰 그림이 보여주는 지배적 흐름은 복잡성, 지식, 의식, 목적 지향의 조율된 조직 등의 수준이 증가한다는 것인데, 우리가 대략적으로 '진보'라 부르는 경향성이다. 팡글로시안(Panglossian)이라* 해도 무방한 이 관점에 따르면, 과거의 놀라운 성공 기록으로부터 우리는 진화(생물학적이든, 밈적이든, 기술적이든)가 계속해서 우리를 진보로 이끌 것이라는 충분한 믿음을 가질 수 있다."

*프랑스 작가 볼테르가 쓴 《캉디드》에 등장하는 철학 선생 팡글로스에서 비롯한 형용사로서, 한없이 낙천적이라는 뜻이다.

"진보"를 끌어들이려는 시도 때문에 작고한 진화생물학자 스티브 제이 굴드가 무덤 속에서 눈물짓는 일이 벌어질 수는 있지만, 그런 주장 자체는 가능할 수 있다. 굴드도 주장했듯, 화석은 우리에게 조상에게서 얻은 것을 포함하여 진화적 변화가 연속적인 일이 아니었음을 말해준다. 진화란 간헐적으로 발생하고, 확실히 "진보적"이거나 정향적인 것과는 거리가 멀다. 생명체의 크기는 더 커질 수도, 더 작아질 수도 있다. 그렇지만 진화에 최소한 한 가지 방향성이 있음은 분명한 듯하다. 즉 복잡성의 증가라는 방향성이다. 따라서 복잡성의 증가는 인간이 미래 진화에서 마주할 수밖에 없는 운명일 수 있다. 즉 해부학과 생리학, 행동 양식 등의 부분적 결합을 통한 복잡성의 증가일 텐데, 우리가 계속해서 적응에 성공한다면(그리고 다소 숙련된 행성 공학 사업에 착수한다면) 태양이 죽는 것을 볼 정도까지 존속하지 못할 유전적 또는 진화적 이유는 없다. 노화와 달리, 멸종은 어떤 종에게도 유전적으로 프로그래밍 되어 있지는 않은 듯하기 때문이다.

더 어두운 이야기는 너무도 익숙한 것이다. 보스트롬(매우 변덕이 심한 사람임에 틀림없다)은 우리 뇌를 컴퓨터로 업로딩하는 일이 어떻게 우리를 파멸로 이끌 것인지에 대해 상상력을 발휘했다. 고도화된 인공지능은 인간 인지를 이루는 다양한 구성 요소를 캡슐화해낸 다음, 그것들을 더 이상 인간적이지 않은 뭔가로 재조립해낼 수 있을 것이다. 그렇게 되면 우리는 용도 폐기될 것이다. 보스트롬은 다음과 같은 진행 경로를 예측했다. "일부 인간 개인들은 업로드를 통해 자신의 복사본을 많이 만든다. 그 사이 신경과학과 인공지능의 점진적 진보가 이루어지면서 마침내 개인 인지 모듈의 분리가 가능해지고, 타인의 인지 모듈과의 연결도 가능해진다. …… 표준 모듈이 존재한다면 서로 다른 모듈간의 소통과 협력이 원활할 수 있어 경제적으로 더 큰 생산성을 안겨줄 수 있기 때문에 표준화 압력이 거세질 것이다. …… 인간 종족의 심리적 구조물이 숨 쉴 수 있는 공간은 존재할 수 없을 것이다."

마치 기술적 용도 폐기로는 혼란을 충분히 표현하지 못하기라도 한 듯, 보스트롬은 훨씬 더 슬픔을 자아내는 황량한 가능성과 함께 결론을 내리고 있다. 만약 기계의 효율성이 진화적 적합성의 새로운 척도로 자리 잡는다면, 우리가 본질적으로 인간적인 것으로 간주했던 많은 것들이 우리 계통에서 뿌리 뽑혀나가게 될 것이다. 그는 이렇게 쓰고 있다. "인간의 삶에 많은 의미를 부여해준다고 알려진 낭비와 재미(유머, 사랑, 게임, 예술, 섹스, 춤, 사회적 대화, 철학, 문학, 과학 발견, 음식물, 우정, 양육, 스포츠)에 대해, 우리는 그런 활동들에 참여할 수 있는 취향과 역량을 가지고 있고, 그런 기질은 우리 종의 진화적 과거에 적응한 결과이다. 그러나 이와 비슷한 활동들이 미래에도 계속해서 적응의 결과로 남아 있으리라는 확신의 근거는 어디에 있단 말인가? 아마도 미래에 적합성을 극대화한다는 것은 경제적 산출량의 소수 여덟 번째 자리를 개선하기 위한 목적 속에서 이루어지는 단조롭고 반복되는 성격을 지닌, 쉼 없는 고강도의 고된 일에 불과할 것이다."

정리하자면 인간성의 미래는 우리가 멸종하지 않는다면 다음의 경로들 중 하나를 밟게 될 것이다.

정체. 인종이 융합되는 일처럼 사소한 부침 속에서, 우리는 현재와 거의 같은 상태로 머문다.

종 분화. 이 행성이나 다른 행성에서 새로운 인간종이 진화한다.

기계와 공생. 기계와 인간 뇌의 통합은 집합적 지능을 낳을 것이다. 이 집합적 지능은 현재 우리가 인간적인 것으로 인지하고 있는 성질들을 보유할 수도 그렇지 않을 수도 있다.

미래 인류, 호모 퓨처리스(Homo futuris)여, 어디로 가시나이까?

출처

1-1. Kate Wong, "Lucy's Baby", *Scientific American* 22(1), 4-11. (November 2012)

1-2. Kate Wong, "First of Our Kind", *Scientific American* 22(1), 12-21. (November 2012)

1-3. Nina G. Jablonski, "The Naked Truth", *Scientific Mind* 22(1), 22-29. (November 2012)

2-1. Katherine S. Pollard, "What Makes Us Different?", *Scientific American* 22(1), 30-35. (November 2012)

2-2. Rachael Moeller Gorman, "Cooking Up Bigger Brains", *Scientific American* 22(1), 36-37. (November 2012)

2-3. Rachel Caspari, "The Evolution of Grandparents", *Scientific American* 22(1), 38-43. (November 2012)

2-4. David J. Buller, "Four Fallacies of Pop Evolutionary Psychology", *Scientific American* 22(1), 44-51. (November 2012)

3-1. Curtis W. Marean, "When the Sea Saved Humanity", *Scientific American* 22(1), 52-59. (November 2012)

3-2. Gary Stix, "Traces of a Distant Past", *Scientific American* 22(1), 60-67. (November 2012)

3-3. Heather Pringle, "The First Americans", *Scientific American* 22(1), 68-

75. (November 2012)

4-1. Kate Wong, "Twilight of the Neandertals", *Scientific American* 22(1), 76-81. (November 2012)

4-2. Kate Wong, "Our Inner Neandertal", *Scientific American* 22(1), 82-83. (November 2012)

4-3. Kate Wong, "Rethinking the Hobbits of Indonesia", *Scientific American* 22(1), 84-91. (November 2012)

5-1. Martin A. Nowak, "Why We Help", *Scientific American* 22(1), 92-97. (November 2012)

5-2. Jonathan K. Pritchard, "How We Are Evolving", *Scientific American* 22(1), 98-105. (November 2012)

5-3. Peter Ward, "What May Become of Us?", *Scientific American* 22(1), 106-111. (November 2012)

저자 소개

게리 스틱스 Gary Stix, 《사이언티픽 아메리칸》 기자

니나 자블론스키 Nina G. Jablonski, 펜실베니아대학교 교수

데이빗 불러 David J. Buller, 노던일리노이대학교 교수

레이첼 묄러 고먼 Rachael Moeller Gorman, 과학 전문 기자

레이첼 카스파리 Rachel Caspari, 센트럴미시간대학교 교수

마틴 노왁 Martin A. Nowak, 하버드대학교 교수

조너선 프리처드 Jonathan K. Pritchard, 스탠포드대학교 교수

커티스 매리언 Curtis W. Marean, 애리조나대학교 교수

케이트 웡 Kate Wong, 《사이언티픽 아메리칸》 기자

캐서린 폴라드 Katherine S. Pollard, 캘리포니아대학교 교수

프레드 구테를 Fred Guterl, 과학 전문 기자

피터 워드 Peter Ward, 애들레이드대학교 교수

헤더 프링글 Heather Pringle, 과학 저술가

옮긴이_강윤재
서울대학교 화학과를 졸업하고, 고려대학교 대학원 과학기술학협동과정에서 과학사회학 박사학위를 받았다. 현재 동국대학교 다르마칼리지 교수로 있다. 지은 책으로는 《세상을 바꾼 과학논쟁》이 있고, 옮긴 책으로 《H$_2$O : 지구를 색칠하는 투명한 액체》, 《하늘과 땅 : 우주시대의 정치사》, 《과학적 실천과 일상적 행위》 등이 있다.

한림SA **16**

우리의 과거와 현재 그리고 미래

인간의 탄생

2017년 7월 25일 1판 1쇄

엮은이 사이언티픽 아메리칸 편집부
옮긴이 강윤재
펴낸이 임상백
기획   류형식
편집   이유나
독자감동 이호철, 김보경, 김수진, 한솔미
경영지원 남재연

ISBN 978-89-7094-877-5 (03470)
ISBN 978-89-7094-894-2 (세트)

＊ 값은 뒤표지에 있습니다.
＊ 잘못 만든 책은 구입하신 곳에서 바꾸어 드립니다.
＊ 이 책에 실린 모든 내용의 저작권은 저작자에게 있으며,
   서면을 통한 출판권자의 허락 없이 내용의 전부 혹은 일부를 사용할 수 없습니다.

펴낸곳   한림출판사
주소   (03190) 서울시 종로구 종로12길 15
등록   1963년 1월 18일 제 300-1963-1호
전화   02-735-7551~4
전송   02-730-5149
전자우편 info@hollym.co.kr
홈페이지 www.hollym.co.kr
페이스북 www.facebook.com/hollymbook

표지 제목은 아모레퍼시픽의 아리따글꼴을 사용하여 디자인되었습니다.